双書⑭・大数学者の数学

ラマヌジャン
ζ の衝撃

黒川信重

現代数学社

はじめに

　ラマヌジャン (1887-1920) はインド生まれの大数学者です. 残念ながら 32 歳の若さで亡くなってしまいました. ラマヌジャンと言えば, 奇妙な数式を続々と発見した人として伝説にもなっています. また, 数学の専門家も「ラマヌジャン」に神秘を見ようとします. 数学を普及させたいとの願いもこもっているのでしょう. しかし, それは, ラマヌジャンの数学が数学の本道にあったことを忘れさせることにつながっています.

　本書では, ラマヌジャンの研究テーマがゼータ関数という数学の中心にあったことに焦点を当てています. つまり, ラマヌジャンの数学の本質はゼータの発見にあったのです. 実際, ラマヌジャンのゼータ関数に関連するリーマン予想と見ることのできる「ラマヌジャン予想」(1916 年) は 20 世紀数学の重大な難問として, 数多くの数学者に解決への努力を促しました. とくに, グロタンディーク (1928-2014) によって 1960 年代に行われた空間概念の超人的な革新 (EGA, SGA) は, ドリーニュによるラマヌジャン予想の解決 (1974 年) に結実したのです. さらには, ラマヌジャンの発見した新しいゼータ関数がフェルマー予想の解決 (1995 年) や佐藤テイト予想の解決 (2011 年) を導いたのでした.

　この「新たなゼータ関数の発見」という点が, これまで不当に軽視されてきてしまった過ちを直すのが本書の目的です.

　それでは, ラマヌジャンのこれまでの風評を忘れて, 真のラマヌジャンの探検に出発しましょう.

2015 年 6 月 12 日　　　　　　　　　　　　　黒川信重

目　次

はじめに …………………………………………………………… i

第1章　ラマヌジャンの衝撃 …………………………………… 1
- 1.1　ラマヌジャン数学ファン ……………………………… 1
- 1.2　ラマヌジャンと数学風土 ……………………………… 6
- 1.3　ラマヌジャン数力の発見とラマヌジャン予想の提出 …… 7
- 1.4　ラマヌジャン予想の影響 ……………………………… 9
- 1.5　ラマヌジャン予想の歴史 ……………………………… 11
- 1.6　未来のラマヌジャンへのメッセージ ………………… 13

第2章　ラマヌジャンと数学の再生 …………………………… 17
- 2.1　数学の発展 ……………………………………………… 17
- 2.2　アマチュア的発想 ……………………………………… 18
- 2.3　研究を理解すること …………………………………… 19
- 2.4　学問の再生 ……………………………………………… 21
- 2.5　言語の理解 ……………………………………………… 22
- 2.6　数学と言語 ……………………………………………… 23
- 2.7　タミル語から日本語へ ………………………………… 24
- 2.8　たからもの ……………………………………………… 27
- 2.9　研究の道 ………………………………………………… 28
- 2.10　古代インドの原子論 ………………………………… 29
- 2.11　ラマヌジャン数学の理解はできているのだろうか？ … 30

第3章　未来を見たのか，間違ったのか ……………………… 31
- 3.1　ラマヌジャンの間違い ………………………………… 31
- 3.2　ラマヌジャンの素数公式について …………………… 36

	3.3 リーマンの素数公式	39
	3.4 ラマヌジャンの素数公式の間違い	39
	3.5 虚零点の忘却問題	41
	3.6 ラマヌジャンの素数公式問題の示唆すること	42

第4章	ラマヌジャンが発見されたこと	47
	4.1 ハーディとラマヌジャン	47
	4.2 作品とは？	51
	4.3 ラマヌジャンの悲しみ	54
	4.4 研究のアイディア	54
	4.5 ジェラシー	57

第5章	ゼータの積構造の発見	59
	5.1 ゼータの積構造	59
	5.2 ラマヌジャンの等式の証明：第1部	61
	5.3 ラマヌジャンの等式の証明：第2部	63
	5.4 ラマヌジャンの等式の応用	68
	5.5 テンソル積	72
	5.6 さらにラマヌジャンの積	73

第6章	発散級数の和	75
	6.1 ラマヌジャンからハーディへの最初の手紙	75
	6.2 ワトソンの解読	77
	6.3 ラマヌジャン総和法	84
	6.4 オイラーの論文	87
	6.5 ラマヌジャンから百年後	90

第7章	保型性の探求	93
	7.1 ラマヌジャンの好きな等式	93

7.2	アイゼンシュタイン級数	96
7.3	公式の起源	101
7.4	ゼータの構成	102

第8章 絶対リーマン予想 … 111

- 8.1 ラマヌジャン予想とリーマン予想 … 111
- 8.2 (A) と (B) の同値性 … 114
- 8.3 (A) と (C) の同値性 … 115
- 8.4 (B) と (B*) の同値性 … 118
- 8.5 ラマヌジャン予想の証明法 … 119
- 8.6 ラマヌジャン予想の来たところ … 122

第9章 保型性の展開 … 127

- 9.1 保型ゼータの解析接続 … 127
- 9.2 保型ゼータの積構造 … 134
- 9.3 佐藤テイト予想 … 138

第10章 深リーマン予想 … 143

- 10.1 ラマヌジャンの式 … 143
- 10.2 ラマヌジャンの研究 … 144
- 10.3 メルテンスの定理 … 150
- 10.4 深リーマン予想 … 154
- 10.5 ラマヌジャンの研究の超時代性 … 159

第11章 ゼータの解析接続 … 161

- 11.1 ラマヌジャンの新表示 … 161
- 11.2 ラマヌジャンによる保型性の捉え方 … 163
- 11.3 ラマヌジャンの解析接続表示の特長 … 165
- 11.4 アイゼンシュタイン級数のゼータ … 167

11.5	リーマンゼータの解析接続とラマヌジャン	*172*
11.6	ラマヌジャンと $\zeta(3)$	*173*

第 12 章　未来への指針　　*179*

12.1	保型形式	*179*
12.2	ラマヌジャンのノート	*181*
12.3	佐藤幹夫とラマヌジャン	*184*
12.4	モックテータ関数からマース波動形式へ	*187*
12.5	定積分から多重三角関数へ	*189*
12.6	ラマヌジャンの示唆	*194*

第 13 章　ラマヌジャンからの夢　　*197*

13.1	リーマン予想	*197*
13.2	昔の風景	*200*
13.3	未来の風景	*201*
13.4	ラマヌジャンの等式	*202*
13.5	ラマヌジャンからの夢	*204*

あとがき　　*207*

索引　　*208*

ζ (ゼータ) を書こう　　*211*

ラマヌジャンの衝撃

　ラマヌジャンといえば，インドのタミル語圏出身の天才数学者という印象が強いと思います．ラマヌジャンの登場は数学界にとって衝撃でした．それは，今も変わっていません．ただし，ラマヌジャンの本質である数学の実態については，通常の数学とは色合いの異なったもので現代数学の本流とは独立のもの，という風評が残念ながら広がっているように見えます．ラマヌジャンの得た公式集を見ていると，一層そのように誤解してしまうのかも知れません．また，通常の数学との差異を強調しようとして誤解を広げる弊に陥っていることもあります．しかし，ラマヌジャンの真骨頂は，高次の数力（ゼータ）を発見し未来への豊かな問題を投げかけていることです．本書では，ラマヌジャンの数学が現代数学へ与えた影響及びラマヌジャンの数学の占める位置について考えたいと思います．

1.1　ラマヌジャン数学ファン

　ラマヌジャン（1887年12月22日〜1920年4月26日）の数学には，他の数学者の場合と違って熱狂的なファンがたくさんい

ることが特徴です．オイラー数学のファン，リーマン数学のファン，ガウス数学のファン，アーベル数学のファン，ガロア数学のファン，・・・等々が存在することは間違いありませんが，ラマヌジャンの場合のような熱気は異例でしょう．

その代表的な例は，彼自身一流の数学者であったセルバーグです．ノルウェー生まれのセルバーグは 17 歳のときにラマヌジャンの数学に出会い，たちまちのうちにその虜になり，それ以来『ラマヌジャン全集』を肌身離さず持ち歩いていたそうです．セルバーグのラマヌジャン数学への愛はセルバーグの書いた

(a)「ラマヌジャン百年祭によせて」

(b)「ラマヌジャンとハーディ」

という二つの文章 (参考文献 [3] 138 ページ～157 ページに黒山人重訳で載っています) に，とてもよく表れていますので是非一読をおすすめします．

(a) は 1987 年 12 月 22 日に生誕百年を迎えたラマヌジャンを記念して書かれたものですが，1988 年 1 月にインドのボンベイにおいて開催された『ラマヌジャン生誕百年研究集会』の閉会式における一般向けの講演です．(b) は 1987 年 12 月にインドのマドラスで開催された『ラマヌジャン生誕百年記念シンポジウム』の (専門家向けの) 講演です．1989 年に出版された『セルバーグ全集・第 1 巻』に (a) と (b) は 695 ページ～706 ページに並んで掲載されています．なお，そこでは，(b) は (a) の「付録」という扱いになっています．

そこに表れているように，セルバーグはラマヌジャンをとても高く評価しています．また，セルバーグがいかに深く論文を読み

込んでいるかも良くわかります．(a) によると，セルバーグがラマヌジャンに出会ったのはノルウェーに住んでいた 17 歳の 1934 年にステルマーというオスロ大学の数学者（はじめは数論の研究者でしたが，オーロラの数学的研究でも有名）が書いた「インド人—スリニバーサ・ラマヌジャン，その驚嘆すべき数学の天才」という記事だったそうです．とくに，ラマヌジャンの「きわめて注目すべき不思議で美しい公式や結果の数々がちりばめられていた」ことに強い印象を受けたようです．

(b) では，ハーディとラマヌジャンの 1918 年の有名な共著論文「組み合わせ解析における漸近公式 (Asymptotic formulae in combinatorial analysis)」を分析し，共同研究者のハーディがラマヌジャンの真意を理解し損ねたため究極の結果に至らなかった可能性も指摘しています．

このように，十代でラマヌジャンの虜になったセルバーグは，本格的に数学の研究の道に入り，ラマヌジャンの数学を発展させ，ラマヌジャン予想に向けて評価の改良やラマヌジャン Δ のフーリエ係数をセルバーグ跡公式によって明示することなど，20 世紀の数学の金字塔とされる驚くべき成果を得ました．

セルバーグは，自身の経験に照らし合わせて，ラマヌジャンのような数学者が育つきっかけを失うことを防ぐ方策を，(a) においてさまざまに提案しています．とても重要ですので，一部引用しておきましょう：

「教育システムについてのラマヌジャンの例から得たいちばん大切な教訓は，教育システム全体を通してゆとりと寛容の精神が，一つの方向にばかり強い関心を向ける均衡のとれない

才ある子供のために用意されてしかるべきであるとう点であろう.」

「私には,後に数学者となった人々とたびたび彼らの学校時代に習った数学について話し合った経験がある.彼らのほとんどは,学校数学によってその道に奮い立たされたのではなく,ちょうど私がそうであったように,学校の外で起こった偶然の出来事によって自分自身で数学の本を読み出したのだ.」

「学校での数学は,もっと発見や興奮の感覚をともなったものに見直されるべきであると私は考えている.」

「公共図書館などでは,カリキュラムにそった参考図書とはべつに,学校での課題以外の何かを自分でやってみたいと真に願う人々のために,より多くの数学書を蔵書として備えるべきであろう.これは将来,ラマヌジャンのような人物が現れたとき,その人の伸び伸びとした成長を促すために,我々がなし得る大切なことなのである.」

もうひとり,ラマヌジャンの数学を発展させた人として特筆されるのが日本の佐藤幹夫です.佐藤幹夫は,1962年に米国プリンストンに滞在中に,ラマヌジャン予想を合同ゼータ関数のリーマン予想(零点や極の実部を規定)に帰着させる道を発見しました.この研究は,日本の久賀道郎,志村五郎,伊原康隆という有名な面々の研究に関連してきます.ラマヌジャン予想とは,ラマヌジャンが膨大な手計算を基に1916年に提出したラマヌジャンΔ関数という保型形式のフーリエ係数に関する予想です.ラ

マヌジャンは計算の名人でした．現代から振り返ってみると，ラマヌジャン予想は20世紀の数学をガラッとかえてしまったことがわかります．佐藤の見つけた道は，1974年のドリーニュによるラマヌジャン予想の解決に結実しました．

さらに，佐藤幹夫はプリンストンから帰国後の1963年春に，ラマヌジャン予想の先の問題（合同ゼータ関数のリーマン予想の観点からすると，零点や極が規定された上で虚部の分布を予想）を考察し「佐藤予想」として提出しました．この佐藤予想は，日立製の最新型の電子コンピューターを駆使して数値計算を大規模に行って定式化されたものです．佐藤予想については，翌年，米国のテイトがゼータ関数の観点から解釈を与え「佐藤テイト予想」と呼ばれることになりました．

20世紀には佐藤テイト予想の証明は絶望的に困難と思われていましたが，21世紀に入ってテイラーを中心とする活発な研究によって，2011年に完全に証明されました．それは，1995年にワイルズとテイラーが行ったフェルマー予想の証明方法を何十倍も難しくしたものです．佐藤テイト予想の最終解決はテイラーたち4人組による論文で成され，京都大学数理解析研究所出版の佐藤幹夫80歳記念号に発表されました．

ラマヌジャンと佐藤幹夫の連携を見ているとインドのタミル語圏の数論と日本数論の親近性を感じます．その背景には保型形式を通した数論への憧れがあるように見えます．数に対する感性が似通っていることから来ているのでしょうか．日本におけるラマヌジャン数論ファンも数多く存在します．もちろん，私もその端くれで，最初の論文のテーマとしてラマヌジャン予想の多変数保型形式への一般化という問題を設定しました（1.6節参照）．

1.2 ラマヌジャンと数学風土

ラマヌジャンは南インドのタミル語圏に生まれ育ちました．数学メモもタミル語で緑のインクでつけていたといわれています．インドは古くから数学の盛んなところで，零の発見という数学における画期的な成果もインドです．数学の伝統が日本と似ています．

とくに，ラマヌジャンの生地はタミル語圏のケララ学派の領域に近いところです．ケララ学派では，ラマヌジャンの500年前の，西暦1400年頃にはマーダヴァによる数学書が出版され，その中には

$$1-\frac{1}{3}+\frac{1}{5}-\frac{1}{7}+\frac{1}{9}-\frac{1}{11}+\frac{1}{13}-\frac{1}{15}+\frac{1}{17}-\cdots=\frac{\pi}{4}$$

という驚くべき結果も証明してありました．これは，現代数学から見るとある種の数力関数（ゼータ関数）の1での値という重要な意味が付きます．以後，この級数をマーダヴァ級数と呼ぶことにします．

良く知られていることですが，上記の級数の値を巡っては，1670年代にドイツのライプニッツとイギリスのグレゴリーとの間で先取権争いが起こりました．どちらが1年早かったかどうかという争いでした．もちろん，300年近い昔にインドのマーダヴァが証明済みとは知らなかったための醜い争いでしたので，地球規模で考えると，今となっては，どうでもよい争いでした．このような誤解にみちた歴史認識が欧米では横行していたために，マーダヴァ級数は不当にもライプニッツ級数と現代数学でも呼ばれています．欧米におけるインド数学への理解の無さを露呈しています．

このように，インドのケララ学派は，ゼータ関数の面で，ヨーロッパの数学を大きく引き離していたわけです．ラマヌジャンがこのような環境に育ったことは覚えておきたいことです．日本でも，和算の風土から世界的に優れた数学者が誕生してほしいものです．

　もちろん，数学の個々の成果は基本的には個人の力が大きいものです．ラマヌジャンを見てもそう感じます．しかし，それも，歴史的数学風土に深く根ざしているでしょう．近視眼的な見方をすると，数年単位くらいの影響しか考えられませんが，数学研究では数百年を超えた結びつきは不思議でも何でもないことです．今から 2500 年昔のピタゴラス学派の考えていたことから直接に新たな数学テーマを見つけることも可能です．

1.3　ラマヌジャン数力の発見と　　　ラマヌジャン予想の提出

　ラマヌジャンの数学がどのように現代数学に影響を及ぼしてきたかについては，その代表的な例として，ラマヌジャンによる新たな数力（ゼータ）の発見及びそれに連動するラマヌジャン予想を中心に解説していきたいと思っています．ラマヌジャンは多方面のことを研究しましたが，とりわけ，保型形式に関連する数論に魅入られていたように見えます．本章は，数式を用いた内容には立ち入らずに，数学史的な側面を見ましょう．

　なお，ラマヌジャンの出版された論文は『ラマヌジャン全集』（参考文献〔1〕）に入っています．また，ラマヌジャンの数学の解説としては，ラマヌジャンと共同研究を行ったハーディの『ラ

マヌジャン』(参考文献〔2〕) が信頼できるものです．そのほかに，ラマヌジャンが未発表だったものについての解説もいくつか出ています．ただし，未発表のものは，解釈によってかなり変わって受け取られる（ラマヌジャンの意図とは違ってくる）可能性に十分な注意が必要です．

ラマヌジャン数力の発見とラマヌジャン予想は，ラマヌジャンがイギリスのケンブリッジ大学に滞在中の 1916 年に報告されています．ラマヌジャンは 1916 年の 12 月 22 日に 29 歳になりますので 28 歳のときの仕事です．ちなみに，その前後の状況を少し見ておきましょう．ラマンジャンは生まれた 1887 年から 1914 年 3 月 16 日まではインドで暮らし，3 月 17 日にインドのマドラス港から船で出発し，4 月 14 日にイギリスに到着．それから 1919 年 3 月までをイギリスのケンブリッジ大学にハーディの招待の下で過ごします．その期間に健康を害してしまい，インドに戻ることになりました．1919 年 3 月 13 日にイギリスを出て，3 月 27 日にインドのボンベイ港に到着．インドに戻って一年後の 1920 年 4 月 26 日に 32 歳で亡くなっています．1914 年の 8 月に第一次世界大戦にイギリスが参戦したことによって，食料や暖房にも事欠く生活がラマヌジャンの病気の原因になったようです．とくに，ラマヌジャンはベジタリアン（菜食主義者）でしたので，一般市民より一層栄養が摂取しにくかったようです．

ラマヌジャン数力の発見とラマヌジャン予想は論文

Srinivasa Ramanujan "On certain arithmetical functions" Proceedings of the Cambridge Philosophical Society 22 (1916) 159-184〔ラマヌジャン「ある種の数論的関数について」〕

の第18節に発表されました.当時は,この数カ(ゼータ)と予想が現代数学にとてつもなく大きな影響を与えることをラマヌジャン本人もラマヌジャンの相談相手だったハーディも想像もしなかったでしょう.実際,ラマヌジャン予想は新たな数カ(ゼータ)となる次数2のオイラー積の研究の問題であり,リーマン予想の類似物でもあります.ラマヌジャンの研究がフェルマー予想を解決する数カとなる次数2のオイラー積を導いたのです.フェルマー予想の証明で重要となった谷山予想もラマヌジャンの数カ(次数2のオイラー積)の発見に基づいています.

1.4 ラマヌジャン予想の影響

ラマヌジャン予想は保型形式に対する予想です.保型形式のゼータ関数(次数2のオイラー積)の各局所因子がリーマン予想の対応物を満たすという予想です.その証明は1974年にドリーニュによって完成しました.

その証明方法は,おそらく,1916年には誰も予想さえしなかったものでした.それは,次の二つの組み合わせです:

(A) ラマヌジャン予想を合同ゼータ関数に対するリーマン予想に帰着させる,

(B) 合同ゼータ関数に対するリーマン予想を証明する.

このうち,(B) は20世紀の数学の大部分を占めた大問題でした.それも,(A) という明確な応用(実際は特別の場合)が強い動機を与えていたのです.

合同ゼータ関数は,1914年に第一次世界大戦にて若くして亡

くなってしまったゲッチンゲン大学生コルンブルム (1890-1914) の論文 (遺稿をランダウが編集して 1919 年に発表；参考文献 〔3〕所収の黒川「類似の魅力」参照) で研究が開始され，アルチン，ハッセ，ヴェイユが研究を継続しました．その結果，有限体上の代数曲線の合同ゼータに対するリーマン予想は 1948 年にヴェイユによって証明されました．1950 年代前半には，この結果から，ラマヌジャン予想の重さ 2 のいくつかの場合にラマヌジャン予想の類似物がアイヒラーによって証明されました．本来のラマヌジャン予想は重さ 12 の場合であり，11 次元の代数多様体 (佐藤・久賀多様体) の合同ゼータ関数に対するリーマン予想に帰着されることが 1960 年代に佐藤・伊原・ドリーニュの研究によって判明しました．なお，重さ k のときは $k-1$ 次元の佐藤・久賀多様体が必要になり，古典的だった $k=2$ という場合は 1 次元 (モジュラー曲線と呼ばれる代数曲線) で済んだのでした．このうち，基本となる佐藤幹夫の研究は 1962 年に行われました．

さて，代数多様体の合同ゼータ関数に対するリーマン予想の証明は，これまた，壮大な研究プログラムによって完成しました．それは，1950 年代の終わりから開始されたグロタンディークによる EGA と SGA の研究シリーズです．関連論文を含めると合計では 1 万ページを超える長大な論文群です．ここでのリーマン予想の証明は 1974 年にドリーニュによって完成されました．それは，グロタンディークのプログラムのショートカット (その近道でも合同ゼータ関数のリーマン予想には充分だった) を行ったもので，グロタンディークの標準予想の証明を含む全計画は未だ完成していません．

1.5 ラマヌジャン予想の歴史

ラマヌジャン予想は保型形式のフーリエ係数の増大度に関する予想です．その詳細には立ち入らずに，ラマヌジャンと後続研究について簡単に触れておきましょう．

(1) ラマヌジャンの発見

ラマヌジャンはラマヌジャン予想を提出するとともに，2次のオイラー積の存在を予想しました．これが，ゼータ関数に結びつくきっかけを与えました．さらに，ラマヌジャンはフーリエ係数がある種の合同式を満たすことを発見しました．これが，1960年代になって，保型形式からエル進表現を作ることに結びつきます．このことによって，ラマヌジャンの予想した2次のオイラー積は2次元エル進表現のオイラー積と一致することが証明されました．これによって，ラマヌジャン予想が合同ゼータ関数のリーマン予想に帰着されたことになります．このように，ラマヌジャンは，図らずもその後に必要となる材料を見つけていたわけです．

(2) ラマヌジャン予想の一般化

ラマヌジャン予想はもともと重さ12のラマヌジャンΔ関数の場合に予想されました．これを，一般の重さの場合に定式化することは1930年代にペーターソンによって行われました．そのため，ラマヌジャン予想はラマヌジャン・ペーターソン予想ともしばしば呼ばれます．ここまでは，一変数の通常の保型形式の場合でしたが，それを多変数の保型形式にすることは，時間がか

かり，1970年代に黒川によって次数2のジーゲル保型形式 (3変数の保型形式) の場合にラマヌジャン予想の反例が発見されました：

N. Kurokawa "Examples of eigenvalues of Hecke operators on Siegel cusp forms of degree two" Inventiones Mathematicae 49 (1978) 149 -165. (「次数2のジーゲル尖点形式に対するヘッケ作用素の固有値の例」)

もちろん，私はラマヌジャンの大ファンで，この論文もラマヌジャンに一歩でも近づきたく思って高次のラマヌジャン予想を研究したのです．

これをきっかけにして，ラマヌジャン予想の一般化の研究が進みましたが，完全な証明は遥か彼方というのが現状です．その様子は，最近の論文

V. Blomer and F. Brumley "The role of the Ramanujan conjecture in analytic number theory" Bulletin of the American Mathematical Society 50 (2013) 267 -320 (「解析数論におけるラマヌジャン予想の役割」)

が数学者向けの技術的なやや詳しいサーベイとなっています．AMSのウェブサイトからダウンロードできます．

なお，上記のサーベイでは触れられていませんが，保型形式には関数体版 (正標数版，合同版) があり，一般線形群の場合にドリンフェルト (次数2) とラフォルグ (一般次数) によってラマヌジャン予想が証明されています．二人ともフィールズ賞を受賞しました．

1.6 未来のラマヌジャンへのメッセージ

ラマヌジャンの数学が教えてくれることは，数学はどこでもできる，ということです．ただし，それを正しく評価してくれる人がいなくてはだめです．ラマヌジャン自身イギリスに来る前に

$$1+2+3+4+5+6+7+8+9+10+\cdots=-\frac{1}{12}$$

という式に至ったのでした(1913年1月16日付けのハーディへの手紙で報告しています)が，こんなことを言うとインドでは理解され称賛されるどころか全然世間に受け入れられないな，と悩んでいました．この式は1748年にオイラーが発見し，オイラーは，それによってゼータ関数の関数等式を導いていたのでした．数力(ゼータ)の美しい公式です．このことを誰かが教えてあげるとずっと気持ちが落ち着いて自信が持てたのだろうに，と思います．実際，この式は，オイラーの発見からちょうど二百年目の1948年に，オランダのカシミールによって発見される，カシミール力という量子力学・素粒子論の基本的エネルギーを説明する式にもなるのでした．また，同じ式は，弦理論の時空次元が26次元(時間1次元，空間25次元)になることを説明しています(大栗〔14〕参照)．

ところで，ラマヌジャンの悩んだ上記の等式のように，ラマヌジャンの数学は数力というものを如実に示してくれています．狭い意味の数力は絶対ゼータを発祥の地とするゼータの力を指しているのですが，もっと広い意味での「数の力」と理解していただいて結構です．ラマヌジャンの数学を見れば ── その基本は一冊の『ラマヌジャン全集』(参考文献〔1〕)です ── 圧倒的な数力が直に感じられるはずです．

最近の日本では，「数の力」があまり良い意味では出てきていないのが残念なことです．新聞の第一面に「数の力で突破」などが踊っている日も少なくありません．ある集団が，その集合の元の個数（数学用語では「集合の濃度」）によって，議論を尽くさず強引に多数決を勝ち取る，という意味合いで使われています．

　実際には，数の力は，オイラーやラマヌジャンが計算したように

$$1+1+1+1+1+1+1+1+1+1+\cdots = -1/2$$
$$1+2+3+4+5+6+7+8+9+10+\cdots = -1/12$$

という深い様相に現れています．それが，実世界の最も基本となる時空次元やカシミール力をも決めているのです．そのような真の数力が世界中に普及せねばなりません．

　さて，未来のラマヌジャンはたくさんいると思います．これを読んでいるあなたもそうかも知れません．数学の問題を解くのが得意でない，と嘆いているかも知れませんが，そんなことは全く問題にはなりません．これまで出会った問題は，きっと誰かが解いていて模範解答もあるようなものだったでしょう．本来の数学研究での研究対象となる問題とは，誰も解決していない問題です．問題というより，予想というのが多いかも知れません．たとえば，「一般ラマヌジャン予想」「一般リーマン予想」等です．このような問題なら，小手先の技術で解けることはなく，安心してじっくりと研究できます．

　さらに，重要なことは，これからの数学を導引していく新たな未解決問題・未解決予想を提出することです．これは，問題を解くことより一層大切なことです．ぜひ，予想を作ることからはじめてみてください．

その際に，ラマヌジャンが1910年代に行っていた膨大な計算に怖気づく必要はありません．ラマヌジャンの頃は電子コンピューターもなく手計算のみでしたが，現代では，パソコンが充分に発達しましたので，計算面ではあまり問題はなくなっています．むしろ，問題点は，「現代では道具は充分に揃っているのですが何に使いますか？」という点です．やることはたくさんあるのに，効果的に科学研究資金も配布されていない，という根本問題もあります．簡単に言ってしまえば無駄使いです．

　これからの人は，現代数学の問題点をはっきり見つめて，愚かな過ちを繰り返さないようにしてください．現状に流されるだけでは，同じ道をたどります．それは，安らかな道 ――周囲がその手の人々ですので―― ですが，無駄なことです．

参考文献

〔1〕『ラマヌジャン全集』ケンブリッジ大学出版局，1927年．

〔2〕ハーディ『ラマヌジャンの12講』(高瀬幸一訳) 丸善出版，近刊．

〔3〕黒川信重編『ゼータ研究所だより』日本評論社，2002年．

〔4〕黒川信重「オイラー入門」『数理科学』2011年9月号．

〔5〕黒川信重『オイラー，リーマン，ラマヌジャン：時空を超えた数学者の接点』岩波書店，2006年．

〔6〕黒川信重『オイラー探検：無限大の滝と12連峰』シュプリンガージャパン，2007年；丸善，2012年．

〔7〕黒川信重『現代三角関数論』岩波書店，2013年11月．

〔8〕黒川信重『リーマン予想を解こう』技術評論社，2014年2月．

〔9〕黒川信重『リーマン予想の探求：ABCからZまで』技術評論社，2012年．

〔10〕黒川信重・小島寛之『21世紀の新しい数学：絶対数学，リーマン予想，

そしてこれからの数学』技術評論社, 2013 年 8 月.
〔11〕黒川信重『リーマン予想の先へ』東京図書, 2013 年 4 月.
〔12〕黒川信重・小山信也『ABC 予想入門』PHP 新書, 2013 年 4 月.
〔13〕黒川信重『リーマン予想の 150 年』岩波書店, 2009 年.
〔14〕大栗博司『大栗先生の超弦理論入門：九次元世界にあった究極の理論』
講談社ブルーバックス, 2013 年 8 月.

第2章 ラマヌジャンと数学の再生

ラマヌジャンが活躍した時期は，30歳をはさんで前後5年間ほどです．それは，ちょうど百年前の1914年に27歳でイギリスに渡ってから32歳で亡くなる1920年にあたっています．ラマヌジャンの数学は同時期の数学とはかけ離れた面を多く持っていました．特に，専門的発想では起こってこなかった発想が多く，数学の研究を考える意味でも，重要な問題を提起しています．それは，今後の数学の再生にとっても重要な問題を投げかけています．

2.1 数学の発展

ラマヌジャンの数学を見ていると感ずるのは，アマチュア的な発想です．ラマヌジャンの数学は数論を中心とした領域を扱っています．数論は，紀元前500年くらいのギリシャ時代に，ピタゴラス学派が精力的に研究を開始しました．彼らは（現在のギリシャではなく）イタリア半島の南岸のクロトンに開設されたピタゴラス学校・研究所において研究に励み，多角数など図形と結びついた数の研究から出発して，素数概念の発見（長方形に並べよ

うとすると，直線にしかできない数)，素因数分解，そして，音楽の和声の発見に至りました．

その後，2500年にわたる研究によって，数学の世界は広くなり深められてきました．現代数学は複雑になり，新世代が学習し研究するのが困難に見える程です．ラマヌジャンの活躍した今から百年前も同じような状態でした．その頃は，19世紀(1800年代)を一世紀風靡した楕円関数論が極めて複雑な計算にまで進んでいました．大多数の数学者は手におえないと感じたに違いありません．

そこに，ラマヌジャンが，デルタ関数(Δ関数)というもっとも単純な保型形式のフーリエ係数に関する予想「ラマヌジャン予想」を提出します．それが，1916年のことです．今日の視点からみると，ラマヌジャン予想は20世紀の数学を根本的に変えてくれたことが明瞭にわかるのですが，百年前はそうは受け止められていなかったのです．きっと，奇妙な予想という感じだったことでしょう．しかも，その提出者が現代数学の専門的教育を受けていない人だったのですから．〔数学的背景については末尾の参考文献も参照してください．〕

2.2 アマチュア的発想

アマチュア的発想は学問を再生するためには必須のものです．専門家の研究が行き着いて暗礁に乗り上げることは，頻繁にあります．それは，研究上の問題だけでなく，その学問分野の持続という面からも大きな問題です．簡単に言ってしまえば，複雑すぎる問題には誰も興味を持たなくなってしまい，新規に研究に取り掛かる若い人を取り込めなくなり，その学問は死を迎えます．

現代数学の現状が，その前兆でないという保証は全くありません．専門家が，身内だけに通じる狭い数学言語で話しているうちに，他から関心を持たれなくなれば，すでに重症です．その際に，高尚な数学は一般人には伝えることが無理である，と高をくくると，数学は死んだも同然です．

2.3 研究を理解すること

ラマヌジャンにも数学専門家からのあいつぐ悲観的反応に苦しんだ時期がありました．それは，1914年にイギリスに来る前の時期です．ラマヌジャンはいろいろなテーマについての結果を，数学を理解してもらえそうな大学の数学教授などに知らせておいたのですが，いつも理解を得られず不調に終わっていました．たとえば，

$$1+2+3+4+5+6+7+8+\cdots\cdots = -\frac{1}{12}$$

となる，と伝えると「それは間違いだ．無限大が正しい答えだよ．」と指摘されるありさまです．このことは，双方にとって，「相手を見て話さないといけない」という教訓でもあります．その大学の数学教授には，オイラーと同レベルのラマヌジャンの言うことの真意が理解不能だったのでしょう．

この不遇の状況は，ラマヌジャンが1913年にハーディに手紙を書くことによって改善されました．さすがに，ハーディはオイラーも上記の答えを出していたことを知っていました．もちろん，その際の「和」とはゼータ正規化した和のことを意味しています．

そうでない通常の和の意味では，あの大学教授の言う通り「無

限大」は正しい答えです.

ラマヌジャンはついに自分の数学を理解してくれるハーディと連絡がとれて,数学者の世界に入れたわけです. 1914 年にはハーディのところで数学研究に専念できる環境になりました. ハーディでさえ,ラマヌジャンの数学をすべて理解することは困難なことで,たとえば,ラマヌジャン予想の真の意味がリーマン予想であるということは,ハーディにも理解されなかったように見えます. 分割数についても,ラマヌジャンの示していた正しい道をハーディが信じられず「漸近公式」止まりでした.

専門家は所詮ある時期の研究レベルの専門家ですので,当然,時代に縛られます. さらに,専門家は自信家ですので,自分の知らないことやできないことを他人がやれるということを認めたくない人種です. 専門家の評価ほど真実から遠ざかっているものも少ないでしょう.

学問上の画期的な研究は存在が困難です. それには,三つの関門があります. 一般に研究は

(1) 研究テーマを設定し研究計画を立てる

(2) 研究を実行する

(3) 研究成果を専門誌に論文として発表する

という三段階からなっています. これが,いずれも,関門となります. まず,(1) の段階では,関係者(指導者など)は,通説にあった無難なテーマを設定させます. とくに,実験系の学問では,そうでない研究は許可してもらえないでしょう. 次の二段目の関門 (2) はより切実で,研究協力者を期待できません. 最後の三段目 (3) は決定的な関門です. 何とか首尾よく研究結果が

得られたとしても，論文として発表する際には，既得権益を持つ「専門家」は論文の査読関係者として，論文が常識外れであることで門前払いを食わせることが常態です．専門家ほど保守的な人種はいないのです．つまり，専門家とは抵抗勢力なのです．

このようにして，画期的な研究は，行おうとしても許可されないか，許されたとしても専門誌に発表できずに無視されるか，という悲惨な末路を辿ることが普通です．これを見ていると，いっそのこと専門家などいないほうが研究が進むのでは，と思うのは当然です．

2.4 学問の再生

数学に限らず，学問は「専門家」と言われる人たちのみが推進している，と考えられがちです．このことが間違っていることは，前節で見た通りです．学問には不定期的に革命が必要なのです．それは，不死鳥が火の中に飛び込んで身を焼き尽くして，再生するというプロセスが必須です．これがないと専門家集団の衆愚研究で終わりを迎えます．現象としては，あまりに複雑になってしまった研究分野は簡単な視点からの再生に賭けるしか未来はありません．

その際に要求されるものがアマチュア的発想です．ラマヌジャンによる「ラマヌジャン予想の研究」もそうです．リーマン予想の研究では「深リーマン予想の研究 (関数等式の中心におけるオイラー積の収束性)」や「絶対ゼータ関数・数力関数の研究」がアマチュア的発想です．若い人たちには，既成の「専門家」の意見に盲従しないで，各自の道を歩むことを期待したいです．

2.5 言語の理解

　数学も言語の一種です．ラマヌジャンの言語の面も少し触れておきましょう．ラマヌジャンの生まれた南インドの地域の言語，つまり，ラマヌジャンの母語はタミル語です．ラマヌジャンはタミル語で緑のインクによる数学ノートを付けていたようです．前章で述べた通り，日本人はラマヌジャンの数学に親近感を持つ人が多いです．そのように，日本人が親近感を持つのは，二つの言語の親近性のお蔭かも知れません．

　これは，著名な言語学者である大野晋(おおのすすむ)(1919 年 8 月 23 日〜2011 年 7 月 14 日)先生の説から来ています．大野先生の説では，タミル語とタミル文化が日本に伝わった背景は，紀元前 500 年頃に，インドのタミル語圏の人々が海流に乗り船で日本(九州北部)に上陸しタミル語とタミルの文化を広めたことにあるといいます．日本は真珠が取れることでタミル人に人気だったようです．

　私は，ある日のこと，大野先生の晩年に，突然お電話をいただき（その理由は，私が岩波書店の出版本で日本語がタミル語から来たという大野説に賛成していると書いたことのお礼のようでした）一時間以上にわたりタミル語と日本語の関係を丁寧に解説して頂くという至福の時間を持つことができたことを懐かしく思い出します．

　タミル語と日本語の類似は語源の問題だけでなく，より古いと思われる数の概念からもわかることでしょう．5・7・5 や 5・7・5・7 という共通のメロディーは数概念の基層が通じ合っていることを裏付けます．タミル語と日本語を数の面から研究することは，重要な問題でしょう．タミル語起源の数字「八」(日本でも，古

代では末広がりの八を尊重した；七などの奇数を敬うのは中国からの風習）が日本語に現代でも残っていることに示唆されるように，タミル語圏から日本への明確な道も見つかることでしょう．自分たちの使っている日本語の起源を知ることはとても重要なことです．もともとの意味がどういうものだったかも，そうしてはじめてわかります．とくに，数学のような歴史的文化には起源を訪ねることが大切です．

大野晋先生の，日本語がタミル語から来ているという説が，言語学の「専門家」から理解が得られないらしい，ということは，学問発展史から見て興味深いことです．残念ながら，ここでも，真実は「専門家」に理解されない，という例が一つ加わるわけです．

2.6 数学と言語

数学は数学語という言語による書き物です．あくまで書き言葉ですので，話し言葉では数学ではありません．よく何かの数学理論が完成したと，話だけされることが多いのですが，たいてい失敗です．精密に書き上げて発表しないと数学にはなりません．

数学語といっても，地の文章を考えるための基礎の言葉は必要です．それは，生まれ育った言語ということになります．幸い，日本語では数学をすることができます．これは，日本では不思議ではないことと思われているのですが，残念ながら地球上では，そうでない国や言語圏がほとんどなのです．

実際，大学レベルの数学教科書を持っている言語は，日本語・フランス語・ドイツ語・英語等，両手に満ちません．ほとんどの言語圏では，上記のような言語の教科書を借用して教育を行っ

ています．教育のグローバル化と言って，自国語の立派な大学教科書があるのに，大学では英語の教科書で英語によって教育すれば良いと言っているお気楽な国は信じ難い錯誤です．もちろん，英語圏の属国なら別ですが．

　当然，使用する基礎言語によって数学の性格も変わってきます．ある種の数学研究には，ある種の言語が適しています．思索に適した言語，現実問題に適した言語，金儲けに適した言語，いろいろです．そのことは実際に数学研究をしているとひしひしと感じることです．

　この点でも，とくに興味深いのはインドの言語と数学の関係です．インドでは，ラマヌジャン以前に，「零の発見」および，南インドのケララ学派における

「マーダヴァ級数の計算
$$1-\frac{1}{3}+\frac{1}{5}-\frac{1}{7}+\frac{1}{9}-\frac{1}{11}+\frac{1}{13}-\frac{1}{15}+\frac{1}{17}-\cdots=\frac{\pi}{4}$$」
（ゼータの有限特殊値の世界初の計算）

という数学史上の二大発見が行われました．なぜインドにおいてこのような画期的成果が得られたのかについては，言語との対応も含めて，詳しく分析すべきことです．

2.7　タミル語から日本語へ

　大野晋先生の研究によって，古くからの日本語と思われてきた「あはれ」「かみ (神)」「こめ (米)」「はぢ (恥)」などまで，タミル語の意味・発音と一致していることがわかりました．その様子はタミル語との対比も明確に説明の

　大野晋〔編〕『古典基礎語辞典』角川学芸出版，2011 年

で詳しく見ることができます．ここで，実例をたくさん詳しくあげることは無理ですので，われわれの数学，とくに，素数概念に関連の深い「わる（割る）」などを少しだけ紹介するにとどめます．

● **割り算**

　言葉「わる（割る・破る）」は『古典基礎語辞典』の1344ページ（第一段〜第三段）に詳しく解説があります．古典語としての意味は，現代語とあまり変わらず「分ける」「割り算をする」などです．日本語の発音は war-u です．タミル語の par-i に対応します．タミル語の意味は「分離する」「裂かれる」「ばらばらにする」（日本語の「はらはら」というくだけるさまに対応）「破壊される，死ぬ」です．用例：「赤イ目ノ黒イ牛ハ強ク結ンダ首輪ヲバラバラニシテ（parintu）田ンボニ魚ト一緒ニ居タ」「狩人ノ網ヲ壊シテ（parintu）行ッタ森ノ鳥」．分割概念は数学の割り算だけでなく，素数論や原子論の起源です．もちろん，インドには紀元前からギリシャとは別に原子論がありました．このような大切な言葉がタミル語から来ていることを知ると，ラマヌジャンとの共通性を強く感じることができます．

　なお，「わる（割る）」の母音交替形「をる（折る）」（wor-u）については，同書1370ページ第一段〜第三段を参照してください．タミル語では同じく par-i です．タミル語の用例：「馬車ハ緑ノアダンプ（植物名）ヲ折ッテ（pariya）走ル」「国ヲ護ル白イ王傘ハ柄ガ折レテ（parintu）（布ガ）ダメニナルダロウ」．

● **分割**

「割る」と似た言葉「わく(分く・別く)」(同書1329ページ第二段〜1330ページ第二段)についても,日本語のwak-uに対応してタミル語のpak-uとvak-uがあります.どちらも,「分割する」「分離する」「配分する」などです.用例:「魚ヲ分配シテイル(pakukkum)(漁村ノ)村長」「立派ナ名ノ王様ニフサワシイ家ヲ(人々ニ)割リ当テタ(vakutta)」「五ツノ部分ニ分ケタ(vakutta)毛髪」.タミル語の「分ける」と日本語の「分ける」が発音まで同じことに驚きます.

同様にして,「わく(分く・別く)」の派生語「わかる(分かる・別る)」(同書1327ページ〜1328ページ)や「わかつ(分かつ)」(同書1326ページ〜1327ページ)の起源についても分かります.

言葉だけでなく,文化風習も,耕作からお墓までタミル語圏と日本は良く似ているのです.それは,1月15日を中心とする小正月の行事の対応表にも表れています.

日本	南インド
14日,夕方にトンド焼きをする.	14日に古い物を集めて焼く.
15日,アズキ粥を炊く.	15日,豆を入れた赤米の粥を炊く.
15日,丸い餅を神に供える.	15日,砂糖と米を混ぜて,米の粉の練ったもので丸く包み,蒸して山の形に重ね,神に供える.
16日,集まって踊りをする.	16日,夕方に女性が輪になって踊る.

この行事中に歌われる言葉（掛け声）も良く対応しているようで，タミル語では「ポンガル」（お粥が沸き立つ）と言っていたのが，日本語では「ホンガ」となって残っています．日本語の「ホンガ」は最早意味不明の言葉になってしまっていますが，タミル語を見ると思いだせるわけです．私も半世紀前に「どんど焼き」（私の地方では，そう呼ばれていました）を意味が分からずしていたことを思い出します．

2.8　たからもの

　ラマヌジャンの数学はたからもの，という言葉がぴったりです．この「たから」という言葉もタミル語でよくわかって驚きました．上記の

　大野晋〔編〕『古典基礎語辞典』(角川学芸出版, 2011 年)

では 706 ページに解説されています．日本語「たから（宝・財・貨）」tak-ara に対してタミル語では

　tak-aram「錫，鉛白．錫の層で覆った金板．」

　tak-atu「（金板のような）薄くて平らなもの．金属の板．」用例「鮮ヤカナ光ノダイヤモンドト金ノ板 (takatu)」

があります．また，「たかし（高し）」tak-asi については，701 ページ～702 ページにタミル語 tak-ar（高い土地），tak-ai（偉大，優秀，威厳．恵み，優雅．価値あること．良いこと．適合，妥当．）があげてあります．

　大野晋『日本語の起源　新版』(岩波新書) 163 ページ～165 ページには日本語の宝がタミル語で金属という意味から生じ「高し・貴し」に通じたと分析してあります．

2.9 研究の道

上記『日本語の起源　新版』の巻末の 243 ページ〜244 ページには大野先生の研究の結論が次のように要約されています．

「ターミナル

今から五十数年前，一人の高等学校の生徒が，「日本文化」と「ヨーロッパ文化」のはざまに立って「日本とは何なのか」という問いを自分自身に課した．以来答えを求めて，日本の言葉と文明にかかわって歩いて来たその人間は道の終着点として一つの仮説に至った．

日本には縄文時代にオーストロネシア語族の中の一つと思われる，四母音の，母音終りの，簡単な子音組織を持つ言語が行われていた．そこに紀元前数百年の頃，南インドから稲作・金属器・機織という当時の最先端を行く強力な文明を持つ人々が到来した．その文明は北九州から西日本を巻き込み，東日本へと広まり，それにつれて言語も以前からの言語の発音や単語を土台として，基礎語，文法，五七五七七の歌の形式を受け入れた．そこに成立した言語がヤマトコトバの体系であり，その文明が弥生時代を作った（その頃，南インドはまだ文字時代に入ってなかったので，文字は南インドから伝わらなかった）．寄せて来た文明の波は朝鮮半島にも，殊に南部に日本と同時に，同様に及んだが，中国が紀元前一〇八年に楽浪四郡を設置するに至って，中国の文明と政治の影響が強まり，南インドとの交渉は薄れて行った．しかし南インドがもたらした言語と文明は日本に定着した．その後紀元四,五世紀に日本は中国の漢字を学んで文字時代に入り，漢字を万葉仮名として応用し，紀元九世紀に至って仮名文

字という自分の言語に適する文字体系を作り上げた．

　ターミナルとは終着駅である．と同時にそこを起点として四方に分岐する交通網の始発駅である．今後，弥生時代以後の古代日本の文明と言語を知ろうとする旅行者は，きっとこの駅のプラットフォームに立ってそれぞれの行く手を選ぶことだろうと私は思う．」

　この文章は，研究をするものの模範とすべきものです．一生をかけて新たな見通しの良い地平に辿り着くという理想が，見事に実現されています．

2.10　古代インドの原子論

　ラマヌジャンの生まれ育ったインドは紀元前の昔から文化の発展した地です．2.7 節で触れたように，古代インドには原子論がありました．そのことは，あまり知られていないですので，補足しておきましょう．紀元前の古代インドで原子論を唱えた人はカナーダ (Kanada) です．哲学者であり，ヒンドゥー教の聖人です．ヴァイシェーシカ学派の創始者であり，物体は分割不可能な原子 (Anu, アヌ) からなるとし，2 原子分子 (Dvyanuka) や 3 原子分子 (Tryanuka) などにも言及しました．カナーダが手に食べ物を持って歩いていたときに原子論が閃いたと伝わっています．一説では，手の中の食べ物を細かく毟って小片を遠くに投げたときに，それ以上分割不可能な物体が存在するというアイディアに至ったようです．カナーダの原典「ヴァイシェーシカ・スートラ」の詳細な日本語訳としては単行本

『ヴァイシェーシカ・スートラ：古代インドの分析主義的実在論哲学』宮元啓一（訳・註），臨川書店，2009 年

があります．数一の分析付です．

2.11 ラマヌジャン数学の理解はできているのだろうか？

ラマヌジャンは 32 歳で亡くなってしまいました．ラマヌジャン予想の他にも，分割数の研究や最晩年の「モックテータ関数の研究」などたくさんの研究をしました．次章以降は，徐々に，ラマヌジャン数学の内容に立ち入って紹介したいと思います．そうすると，ラマヌジャンが言いたかったことがちゃんと理解されてきたかどうかもわかってくることでしょう．

参考文献

[1] 『ラマヌジャン全集』ケンブリッジ大学出版局，1927 年．
[2] ハーディ『ラマヌジャンの 12 講』(高瀬幸一訳) 丸善出版，近刊．
[3] 黒川信重『オイラー，リーマン，ラマヌジャン：時空を超えた数学者の接点』岩波書店，2006 年．
[4] 黒川信重『現代三角関数論』岩波書店，2013 年 11 月．
[5] 黒川信重『リーマン予想を解こう』技術評論社，2014 年 2 月．
[6] 黒川信重『リーマン予想の探求：ABC から Z まで』技術評論社，2012 年．
[7] 黒川信重・小島寛之『21 世紀の新しい数学：絶対数学，リーマン予想，そしてこれからの数学』技術評論社，2013 年 8 月．
[8] 黒川信重『リーマン予想の先へ』東京図書，2013 年 4 月．
[9] 黒川信重『リーマン予想の 150 年』岩波書店，2009 年．

未来を見たのか,間違ったのか

ラマヌジャンの数学には,未来を見たのか間違ったのか判然としないところもあります.本章は,素数分布の周辺を散策します.

3.1 ラマヌジャンの間違い

ラマヌジャンが間違いを指摘されたことは,1914年にイギリスに行く前からありました.その代表的なものは

$$1+2+3+\cdots = -\frac{1}{12}$$

という計算です.インドに居た頃は誰にも理解されず,「値は無限大だ,数学を知らないのか」「間違っている」「信じられない」などの反応ばかりのなか孤立無援で悩んでいたわけです.その苦しさは,ハーディに1913年1月16日付の手紙を勇気を出して書き返信を得たことによって,徐々に解消されました.この,ラマヌジャンの発散級数の話は,第6章にて改めて書きます.

上記の,ラマヌジャンからハーディへの最初の手紙には

$$1+2+3+\cdots = -\frac{1}{12}$$

の他にも120個に及ぶ結果が列挙してありました.その中には

$$\rho(x) = \pi(x) - \int_2^x \frac{dt}{\log t}$$

をきちんと表示できたことも報告されています.ここで $\pi(x)$ は x 以下の素数の個数,

$$\int_2^x \frac{dt}{\log t}$$

は対数積分と呼ばれる関数です.対数積分は

$$\mathrm{Li}(x) = \int_0^x \frac{dt}{\log t} = \lim_{\varepsilon \to +0} \left(\int_0^{1-\varepsilon} \frac{dt}{\log t} + \int_{1+\varepsilon}^x \frac{dt}{\log t} \right)$$

と定義されたものを使う場合の方が標準的ですが,違い

$$\int_0^x \frac{dt}{\log t} - \int_2^x \frac{dt}{\log t} = \int_0^2 \frac{dt}{\log t}$$

は通常,無視できます.

ところで,ラマヌジャンが最初に書き上げた本格的な論文は『ラマヌジャン全集』に論文1として収録の

"Some properties of Bernoulli's numbers"

Journal of the Indian Mathematical Society 3 (1911) 219-234

という24歳になるとき(出版はラマヌジャンの誕生月の12月)の作品でした.この論文はベルヌイ数の性質を研究したものです.

『ラマヌジャン全集』に載っているハーディ『Srinivasa Ramanujan (1887-1920)』(もともとは,Proceedings of the London Mathematical Society (2) **19** (1921) の追悼記事)は,その論文の書かれた頃について Mr Seshu Aiyar の言を次のように引用しています:

「Ramanujan's methods were so terse and novel and his presentation was so lacking in clearness and precision, that the ordinary reader, unaccustomed to such intellectual gymnastics, could hardly follow him. This particular article was returned more than once by the Editor before it took a form suitable for publication. It was during this period that he came to me one day with some theorems on Prime Numbers, and when I referred him to Hardy's Tract on *Orders of Infinity*, he observed that Hardy said on p. 36 of his Tract "the exact order of $\rho(x)$ has not yet been determined", and that he himself had discovered a result which gave the order of $\rho(x)$. On this I suggested that he might communicate his result to Mr Hardy, together with some more of his results.」

つまり,『インド数学会誌』第 3 巻 (1911 年 12 月) に発表されたベルヌイ数に関する論文の際には一度ならず説明不備を理由に返却されたそうで,その頃にラマヌジャンは素数の研究を始め,ハーディ『無限の位数』に「$\rho(x)$ の精密な位数は求まっていない」と書いてあることも知り,助言に従いハーディへの最初の手紙となったようです.

実際,ラマヌジャンが 1913 年 1 月 16 日にハーディに送った手紙には次のように書いてあります:

「In p. 36 it is stated that "the number of prime numbers less

$$\text{than } x \text{ is } \int_2^x \frac{dt}{\log t} + \rho(x),$$

where the precise order of $\rho(x)$ has not been determined".

Ⅰ. I have found a function which exactly represents the number of prime numbers less than x, "exactly" in the sense that the difference between the function and the actual number of primes is generally 0 or some small finite value even when x becomes infinite. I have got the function in the form of infinite series and have expressed it in two ways.

(1) In terms of Bernoullian numbers. From this we can easily calculate the number of prime numbers up to 100 millions, with generally no error and in some cases with an error of 1 or 2.

(2) As a definite integral from which we can calculate for all values.」

つまり，$\rho(x)$ の明示式を無限級数の形で得たとして，表示としては

(1) ベルヌイ数を用いたもの

(2) 定積分

の2つをあげています．

もっと詳しい形は（しかも3つにして）1913年2月29日のハーディへの手紙に次のように報告してあります：

「1. The number of prime numbers less than
$$e^a = \int_0^\infty \frac{a^x}{x} \frac{dx}{S_{x+1}} \frac{1}{\Gamma(x+1)},$$
where
$$S_{x+1} = \frac{1}{1^{x+1}} + \frac{1}{2^{x+1}} + \cdots.$$

2. The number of prime numbers less than
$$n = \frac{2}{\pi}\left\{\frac{2}{B_2}\left(\frac{\log n}{2\pi}\right) + \frac{4}{3B_4}\left(\frac{\log n}{2\pi}\right)^3 + \frac{6}{5B_6}\left(\frac{\log n}{2\pi}\right)^5 + \cdots\right\},$$
where $B_2 = \frac{1}{6}$, $B_4 = \frac{1}{30}$, $\cdots$, the Bernoullian numbers.

3. The number of prime numbers less than n is

$$\int_\mu^n \frac{dx}{\log x} - \frac{1}{2}\int_\mu^{\sqrt{n}} \frac{dx}{\log x} - \frac{1}{3}\int_\mu^{\sqrt[3]{n}} \frac{dx}{\log x}$$
$$-\frac{1}{5}\int_\mu^{\sqrt[5]{n}} \frac{dx}{\log x} \Big| + \frac{1}{6}\int_\mu^{\sqrt[6]{n}} \frac{dx}{\log x} - \frac{1}{7}\int_\mu^{\sqrt[7]{n}} \frac{dx}{\log x} \Big|$$
$$+\frac{1}{10}\int_\mu^{\sqrt[10]{n}} \frac{dx}{\log x} - \frac{1}{11}\int_\mu^{\sqrt[11]{n}} \frac{dx}{\log x} \Big| - \frac{1}{13}\int_\mu^{\sqrt[13]{n}} \frac{dx}{\log x}$$
$$+\frac{1}{14}\int_\mu^{\sqrt[14]{n}} \frac{dx}{\log x} \Big| + \frac{1}{15}\int_\mu^{\sqrt[15]{n}} \frac{dx}{\log x} - \frac{1}{17}\int_\mu^{\sqrt[17]{n}} \frac{dx}{\log x} \Big|$$
$$-\frac{1}{19}\int_\mu^{\sqrt[19]{n}} \frac{dx}{\log x} + \cdots,$$

where $\mu = 1.45136380$ nearly. The numbers $1, 2, 3, 5, 6, 7, 10, 11, 13, \cdots$ above are numbers containing dissimilar prime divisors; hence $4, 8, 9, 12, \cdots$ are excluded : plus sign for even number of prime divisors and minus sign for odd number of prime divisors. As soon as a term becomes less than unity in practical calculation we should stop at the term before any vertical line marked above and not anywhere ; hence the first four terms are necessary even when n is very small.」

なお,実際の計算には

$$\int_\mu^n \frac{dx}{\log x} = n\Big(\frac{1}{\log n} + \frac{1!}{(\log n)^2} + \cdots + \frac{(k-1)!}{(\log n)^k}\theta\Big),$$
$$\theta = \frac{2}{3} - \delta + \frac{1}{\log n}\Big\{\frac{4}{135} - \frac{\delta^2(1-\delta)}{3}\Big\}$$
$$+ \frac{1}{(\log n)^2}\Big\{\frac{8}{2835} + \frac{2\delta(1-\delta)}{135}$$
$$- \frac{\delta(1-\delta^2)(2-3\delta^2)}{45}\Big\} + \cdots,$$
$$\delta = k - \log n$$

を用いると注意してあります.

残念ながら，このラマヌジャンの素数公式は間違いなのですが，それは後で触れます．

ラマヌジャンの間違いには，次の少し意外なものもあります．それは $a>0$ に対して

$$\sum_{n=1}^{\infty}\frac{\mu(n)}{n}\exp\left(-\frac{a}{n^2}\right)=\sqrt{\frac{\pi}{a}}\sum_{n=1}^{\infty}\frac{\mu(n)}{n}\exp\left(-\frac{\pi^2}{n^2 a}\right)$$

が成立するというラマヌジャンの主張（『ラマヌジャン ノートブック』p.312, Entry 37；バーント版，V-p.468）です．もちろん，$a=\pi$ のときは両辺は自明に一致します．

これについては，ケンブリッジ滞在中にラマヌジャンがハーディとリトルウッドに話した結果，ハーディとリトルウッドは正確には差が

$$\sum_{n=1}^{\infty}\frac{\mu(n)}{n}\exp\left(-\frac{a}{n^2}\right)-\sqrt{\frac{\pi}{a}}\sum_{n=1}^{\infty}\frac{\mu(n)}{n}\exp\left(-\frac{\pi^2}{n^2 a}\right)$$
$$=-\frac{1}{2\sqrt{\pi}}\sum_{\rho}\left(\frac{\pi}{\sqrt{a}}\right)^{\rho}\frac{\Gamma(\frac{1-\rho}{2})}{\zeta'(\rho)}$$

という $\zeta(s)$ の虚零点 ρ 全体に関する和になることを証明して，さっさと二人だけの論文にしてしまいました（1915年夏投稿，1918年出版）．ただし，ρ はすべて1位の零点になると仮定します（そう予想されていますが，未証明）．

3.2 ラマヌジャンの素数公式について

ハーディ『ラマヌジャン 12 講』第2章は，ラマヌジャンの1913年2月29日付の手紙にあったラマヌジャンの素数公式について分析しています．とくに，3つの表示の"同値性"を示しています．

ハーディの記号に従って書きますと、ラマヌジャンの $\pi(x)$ に対する表示は基本的には次の通りです：

1. $\pi(x) = J(x)$,
$$J(x) = \int_0^\infty \frac{(\log x)^t}{t\,\zeta(t+1)\,\Gamma(t+1)}\,dt.$$

2. $\pi(x) = G(x)$,
$$G(x) = \frac{2}{\pi}\left\{\frac{2}{B_2}\left(\frac{\log x}{2\pi}\right) + \frac{4}{3B_4}\left(\frac{\log x}{2\pi}\right)^3 + \frac{6}{5B_6}\left(\frac{\log x}{2\pi}\right)^5 + \cdots\right\}.$$

3. $\pi(x) = R(x)$,
$$R(x) = \sum_{m=1}^\infty \frac{\mu(m)}{m}\,\mathrm{Li}(x^{\frac{1}{m}}).$$

これら三つの表示はグラム (Gram) によって知られていた関数
$$g(x) = 1 + \sum_{n=1}^\infty \frac{(\log x)^n}{n\,\zeta(n+1)\,\Gamma(n+1)}$$
を使いますと関係がわかりやすくなっています：

(a) $R(x) = g(x)$.

(b) $G(x) = g(x) - g\left(\dfrac{1}{x}\right)$,

$\lim_{x \to \infty}(G(x) - g(x)) = 0.$

(c) $\lim_{x \to \infty}(J(x) - g(x)) = \lim_{x \to \infty}(J(x) - G(x)) = 0$.

たとえば、(a) を見るには
$$\mathrm{Li}(x) = \gamma + \log\log x + \sum_{n=1}^\infty \frac{(\log x)^n}{n \cdot n!}$$
という展開 (γ はオイラー定数) を用いることにより
$$\mathrm{Li}(x^{\frac{1}{m}}) = \gamma + \log\log x - \log m + \sum_{n=1}^\infty \frac{(\log x)^n}{n \cdot n!\, m^n}$$

となり

$$R(x) = (\gamma + \log\log x)\sum_{m=1}^{\infty}\frac{\mu(m)}{m} - \sum_{m=1}^{\infty}\frac{\mu(m)\log m}{m}$$
$$+ \sum_{m=1}^{\infty}\frac{\mu(m)}{m}\sum_{n=1}^{\infty}\frac{(\log x)^m}{n\cdot n!\, m^n}$$

となりますが

$$\sum_{m=1}^{\infty}\frac{\mu(m)}{m} = 0,$$
$$\sum_{m=1}^{\infty}\frac{\mu(m)\log m}{m} = -1$$

によって

$$R(x) = 1 + \sum_{m=1}^{\infty}\frac{\mu(m)}{m}\sum_{n=1}^{\infty}\frac{(\log x)^n}{n\cdot n!\, m^n}$$
$$= 1 + \sum_{n=1}^{\infty}\frac{(\log n)^n}{n\cdot n!}\left(\sum_{m=1}^{\infty}\frac{\mu(m)}{m^{n+1}}\right)$$
$$= 1 + \sum_{n=1}^{\infty}\frac{(\log x)^n}{n\cdot n!}\cdot\frac{1}{\zeta(n+1)}$$
$$= 1 + \sum_{n=1}^{\infty}\frac{(\log x)^n}{n\,\zeta(n+1)\,\Gamma(n+1)}$$
$$= g(x)$$

とわかります．ゼータの逆数表示

$$\frac{1}{\zeta(s)} = \sum_{m=1}^{\infty}\frac{\mu(m)}{m^s}$$

を用いています．なお，$g(x)$ と $J(x)$ の関係は級数と積分の類似になっています．

3.3 リーマンの素数公式

リーマンは 1859 年の論文 (リーマン予想を提出した有名な論文) において $\pi(x)$ の明示公式を得ています：

$$\pi(x) = \sum_{m=1}^{\infty} \frac{\mu(m)}{m} \Big(\mathrm{Li}(x^{\frac{1}{m}}) - \sum_{\rho} \mathrm{Li}(x^{\frac{\rho}{m}}) \\ + \int_{x^{\frac{1}{m}}}^{\infty} \frac{du}{u(u^2-1)\log u} - \log 2 \Big).$$

ここで，

$$\mu(m) = \begin{cases} +1 & \cdots m \text{ は偶数個の相異なる素数の積または } 1, \\ -1 & \cdots m \text{ は奇数個の相異なる素数の積}, \\ 0 & \cdots \text{その他 (ある素数の 2 乗で割り切れるとき)} \end{cases}$$

はメビウス関数，

$$\mathrm{Li}(x) = \int_0^x \frac{du}{\log u}$$

は対数積分です．さらに，ρ は $\zeta(s)$ の虚零点全体を動きます．また，

$$\int_{x^{\frac{1}{m}}}^{\infty} \frac{du}{u(u^2-1)\log u} = -\sum_{n=1}^{\infty} \mathrm{Li}(x^{-\frac{2n}{m}})$$

は $\zeta(s)$ の実零点 $s = -2n$ $(n = 1, 2, 3, \cdots)$ 全体からの寄与です．言うまでもないでしょうが，$\mathrm{Li}(x^{\frac{1}{m}})$ は $\zeta(s)$ の極 $s = 1$ から来ています．

3.4 ラマヌジャンの素数公式の間違い

ラマヌジャンの素数公式をリーマンの素数公式と見比べてみましょう．ラマヌジャンは基本的に

$$\pi(x) = \sum_{m=1}^{\infty} \frac{\mu(m)}{m} \mathrm{Li}(x^{\frac{1}{m}})$$

と言っています（1913年2月29日付の手紙の3の表示）．なお，4.2節で使った通り

$$\sum_{m=1}^{\infty} \frac{\mu(m)}{m} = 0$$

が成り立ちますので，対数積分が0からでなくて，$\mu=1.45\cdots$ からでも，2からでも和をとってしまえば変化はありません．ラマヌジャンの μ は $\mathrm{Li}(\mu)=0$ を解いたようです．ただし，この

$$\sum_{m=1}^{\infty} \frac{\mu(m)}{m} = 0$$

というやさしそうな式は，見かけによらず，素数定理（1896年にド・ラ・ヴァレ・プーサンとアダマールが独立に証明）

$$\lim_{x \to \infty} \frac{\pi(x)}{x/\log x} = 1$$

と同等な深い結果です．

このようにして，ラマヌジャンの公式には，$\zeta(s)$ の零点（とくに虚零点）からの寄与が抜け落ちているということがわかります．さらに詳しい分析は，ハーディ『ラマヌジャン12講』の第2章にありますので，興味のある人は見てください．

ハーディの至った結論は「ラマヌジャンは複素関数論を全く知らない」というものです．ラマヌジャンは複素関数論も読んでマスターしていた，と私は考えます．

3.5 虚零点の忘却問題

ラマヌジャンの素数公式が,複素関数論を知らないので起こった専門家には有り得ない間違いであると考えるのは簡単なことです.それでも

$$\pi(x) \simeq \sum_{m=1}^{\infty} \frac{\mu(m)}{m} \mathrm{Li}(x^{\frac{1}{m}})$$

という近似式を独自で発見したことは高く評価されるでしょう.もちろん,そんな評価はラマヌジャンは喜びはしないでしょうが.きっと,リーマンの素数公式の解説の入っている本―たとえば,ランダウ『素数分布論』1909年刊―などが手に入っていれば,ラマヌジャンはゼータ関数の零点を忘れるというような間違いを起こさなかったはずですし,ラマヌジャンが(知らなかった)虚零点を"忘却"したと責めるのは酷なことです.

ラマヌジャンの目的だった $\pi(x)$ を求めることは,リーマンの素数公式を見ると,$\zeta(s)$ の虚零点 ρ の全体を求めることと同値(残りの項は明示的に求まっています)なのですが,現在に至るまで $\zeta(s)$ の虚零点 ρ の話が五里霧中であることは良く知られている通り確かです.たとえば,

『リーマン予想:$\mathrm{Re}(\rho) = \frac{1}{2}$』

も証明されていませんが,

『弱リーマン予想:$\frac{1}{4} \leqq \mathrm{Re}(\rho) \leqq \frac{3}{4}$』

や

『弱弱リーマン予想:$\frac{1}{10} \leqq \mathrm{Re}(\rho) \leqq \frac{9}{10}$』

でさえ証明されていません．

つまり，リーマンの素数公式は「零点 ρ」というブラックボックス（黒箱）に困難を押し込んでいる公式である，ということになります．その後の研究は，この正体不明のブラックボックスには手を触れず，リーマンの素数公式をいかに上手に使い回しするかという隔靴掻痒の研究に明け暮れることになったわけです．

3.6 ラマヌジャンの素数公式問題の示唆すること

ラマヌジャンの素数公式問題が教えていることは，たくさんあると思いますが，次の2つをあげておきます：

(1) 数学のすべての情報にアクセスできるようにすべきであること．

(2) ラマヌジャンが $\zeta(s)$ の虚零点を知っていたら，素数の明示公式やリーマン予想の研究はどうなっていただろうという夢．

(1) は教育の問題でもありますが，少なくとも情報にアクセスできるようにするという意味では，ラマヌジャンの百年後の現在は改善されています．たとえば，$\zeta(s)$ の虚零点がリーマンの素数公式に現れることや，虚零点についてのリーマン予想が数学最大の未解決問題になっていることも，インターネット上のウィキペディアなどで誰でも簡単に無料で知ることができます．百年後の今にラマヌジャンが住んでいたらどうなっていたでしょうね．その意味ではラマヌジャンは生まれる時代を間違えたかも知れません．ラマヌジャンが，今から百年前の 1914 年 4 月にイギリスに到着して数ヶ月で第 1 次世界大戦になり，厳格なベジタリア

ンのラマヌジャンは食料に窮乏し,南国育ちのラマヌジャンには寒さ防ぎの暖房燃料にも不足し,命を短くしてしまいました.

(2) はラマヌジャンが本格的に $\zeta(s)$ の虚零点の研究やリーマン予想の研究を行っていたらどうなっていたことか,という夢です. $\zeta(s)$ の知られている話をすべて折り込み済で研究して,しかも,虚零点という黒箱を用いない $\pi(x)$ の表示を求めていたとするとリーマン予想の解決にも近づいていたはずです.と言いますのは,リーマンの素数公式の形と比較すれば

『虚零点の寄与』=『わかるもの』

ということになって,『虚零点の寄与』を分析することによって『虚零点がわかる』となるはずだからです.ラマヌジャンがリーマン予想の本格的研究をしなかったのは,何とも惜しいことです.

そのように考えると,ラマヌジャンの素数公式が単なる間違いだとみなすのは短絡的すぎるかも知れません.あくまで,ラマヌジャンの求めたかったものは $\pi(x)$ の明示式なのです.それが正しく求められていたら,もしかすると,現在まで位置不明の虚零点を明示的に確定させたのかも知れません.ハーディには,ラマヌジャンの間違いを指摘し結果を盗むだけでなく,ラマヌジャンをリーマン予想の研究に受け入れる度量が欲しかったと思います.

> **問題**
>
> 次の等式を証明しなさい:
> $$\frac{1}{\zeta(s)} = \sum_{n=1}^{\infty} \frac{\mu(n)}{n^s}.$$

解答 1

オイラー積を用いると

$$\frac{1}{\zeta(s)} = \prod_{p:\text{素数}} (1-p^{-s}).$$

この右辺を展開すれば,

$$\frac{1}{\zeta(s)} = \sum_{p_1<\cdots<p_r:\text{素数}} (-1)^r p_1^{-s}\cdots p_r^{-s}$$

という形になり, メビウス関数の定義より

$$\frac{1}{\zeta(s)} = \sum_{n=1}^{\infty} \mu(n)n^{-s}$$

とわかる.

解答 1 終

解答 2

ディリクレ級数の積を展開すると

$$\begin{aligned}\zeta(s)\sum_{n=1}^{\infty}\mu(n)n^{-s} &= \Big(\sum_{n_1=1}^{\infty} n_1^{-s}\Big)\Big(\sum_{n_2=1}^{\infty}\mu(n_2)n_2^{-s}\Big) \\ &= \sum_{n_1,n_2\geq 1} \mu(n_2)(n_1 n_2)^{-s} \\ &= \sum_{n=1}^{\infty}\Big(\sum_{d\mid n}\mu(d)\Big)n^{-s}\end{aligned}$$

となり, 等式

$$\sum_{d\mid n}\mu(d) = \begin{cases} 1 & \cdots\cdots\ n=1 \\ 0 & \cdots\cdots\ n\neq 1\end{cases}$$

によって

$$\zeta(s)\sum_{n=1}^{\infty}\mu(n)n^{-s}=1$$

となる.よって,

$$\frac{1}{\zeta(s)}=\sum_{n=1}^{\infty}\mu(n)n^{-s}$$

が成り立つ.

解答 2 終

参考文献

〔1〕ラマヌジャン『ラマヌジャン全集』.
〔2〕ハーディ『ラマヌジャン 12 講』.
〔3〕バーント『ラマヌジャン ノートブック』全 5 巻.
〔4〕黒川信重『リーマン予想を解こう』技術評論社, 2014 年 3 月.
〔5〕黒川信重『リーマン予想の先へ』東京図書, 2013 年 8 月.
〔6〕黒川信重『現代三角関数論』岩波書店, 2013 年 11 月.
〔7〕黒川信重『リーマン予想の探求』技術評論社, 2012 年 12 月.
〔8〕黒川信重『リーマン予想の 150 年』岩波書店, 2009 年.
〔9〕黒川信重『数学の夢』岩波書店.
〔10〕黒川信重『オイラー, リーマン, ラマヌジャン』岩波書店.

第4章 ラマヌジャンが発見されたこと

ラマヌジャンが発見されたことは数学の奇跡ということになっています．とくに，ハーディは自他ともに認める「ラマヌジャンの発見者」です．本章は，その意味合いについて考えてみましょう．ハーディとラマヌジャンの関係の一端が浮かび上がってくることでしょう．

4.1 ハーディとラマヌジャン

今から100年前の1913年にハーディは，ラマヌジャンから1月16日付けと2月29日付けの手紙を受け取っています．そこには，ラマヌジャンが得た圧倒される数式が120も書いてありました．その内容はハーディ『ラマヌジャン12講』の第1章と第2章に詳しく書いてあります．簡単に言ってしまえば，ハーディは「ラマヌジャンの書いている数式の1/3は当たり前，1/3は当たり前ではないが自分には証明できること，1/3は正しそうだがさっぱり分からない」と感じたのでした．

ただし，この時点でラマヌジャンが全く無名の人物だったわけではありません．それまでには，インド数学会誌に論文をいくつ

か出版し，問題をいくつも同誌に発表していました．もちろん，当代一級の数学者であるハーディからすれば，比較にならない数学者ということになります．ハーディには数学に対する強い自信と自負がありました．

翌 1914 年にハーディが中心となって，ラマヌジャンをハーディの勤務先であるイギリスのケンブリッジ大学に滞在費込みで呼ぶことができたわけです．その際の身分は研究員ということです．インドでの活躍も学歴の面では，ケンブリッジの先生としての待遇には当たらない，とハーディを含むケンブリッジ関係者が考えたわけです．ともかく，適切に評価してくれる数学者がインドにはいないと感じたラマヌジャンがケンブリッジに行ったことは，良かったことと思いたいことです．

一番残念なことは，ハーディは最初から最後までラマヌジャンを真に信用し理解することができなかったことです．それは，数学の専門家として，他人を疑ってかかるのが当然，という体質が染みついていたせいでしょう．ハーディによれば，ラマヌジャンは複素関数論を全く知らなかったそうです．それが本当だとしたら，適切な教科書を教えてあげれば良いのに，と思うのが人情ですが，ハーディにはそうではなかったようです．『ラマヌジャン 12 講』の第 1 講にある通り，ラマヌジャンからの手紙の 120 に及ぶ数式を見た結論として，「Finally (you must remember that I knew nothing whatever about Ramanujan, and had to think of every possibility), the writer must be completely honest, because great mathematicians are commoner than thieves or humbugs of such incredible skill.」と書ける辛辣なハーディのところだったのが，不幸と言えばそうでしょう．手紙を寄こした数

学者を盗人や詐欺師と比較することが平気なことには驚かされます．

もっとも，このようなハーディの言葉はすべて，1920年のラマヌジャンの死後に書かれたものです．ハーディは，ラマヌジャンが1920年に亡くなる運命だとは知らなかった，知っていたら自分の態度も変わっていただろう，と反省している風なことも書いていますが，そんなことが書けること自体，変なことだと思わない数学者なのです．

ハーディの言うことには，ラマヌジャンは1917年には病気になり1920年の死まで回復しなかったとのことです．「病気」というのは身体的なことばかりを指しているわけではなさそうです．これもすべてハーディの解釈ですが，『ラマヌジャン12講』の第1講に「He fell ill in the summer of 1917, and never really recovered, though he continued to work, rather spasmodically, but with no real sign of degeneration, until his death in 1920.」と書いています．ハーディはラマヌジャンがインド滞在中に数学結果を大量に書き留めた『ノート』も渡されています．情報の流れがラマヌジャンからハーディへと一方通行になっているというのは誰が見ても不公平に思われますが．

ハーディは1913年から1914年にかけて，リーマン予想の研究をしていました．特に，「リーマンゼータ関数の零点で実部が$1/2$となるものが無限個存在する」という大定理を証明して一躍名を上げました．（もっとも，ハーディが証明したその事実は，ずっと強い形でリーマンが1859年のリーマン予想を提出した論文当時に書き記した遺稿で証明していた，ということを，1932年にジーゲルが解読したのですが．）

このように，ハーディはラマヌジャンをゼータ関数の零点という魅力的な問題に誘うことができたはずですが，ハーディにとっては，ラマヌジャンは複素関数論を知らない素人という見方しかできなかったのでした．その状況は『ラマヌジャン12講』の第1章と第2章に詳しく分析してあります．

ハーディがカチンと来たのは1913年の最初の手紙でラマヌジャンが「誤差項なしの素数表示式を持っている」と言った点です．これは，ハーディによれば，リーマンゼータに虚の零点があることを理解していない者の言うことだ，となるわけです．

実際，ハーディは『ラマヌジャン12講』の第1章にある通り

"Ramanujan's theory of primes was vitiated by his ignorance of the theory of functions of a complex variable. It was (so to say) what the theory might be if the Zeta-function had no complex zeros."

と理解していました．ハーディからすれば素数分布の核心を握る「ゼータ関数の虚零点」の存在もわからないようなやつとは話もしたくない，というのが本音でしょうし，ハーディのことですので，あからさまにそういう態度が表れていたとしても不思議ではありません．つまり，リーマン予想を全く理解できないインドからの来訪者というのがハーディから見たラマヌジャンでした．これは，ハーディのラマヌジャンへの接し方を決定的にした点です．

ラマヌジャンとしてはなかなかつらい立場です．それなら，間違いを指摘して直してあげたら良いのに，と誰しも思うでしょうが，ハーディにとってはリーマン予想の虚の零点を研究しているという最大の秘密は知らせられないわけなのでしょう．今でも，

リーマン予想を研究している等と言えば疑いの目で見られる時世ですが，百年前はもっと酷かったでしょう．こういう状況でラマヌジャンがハーディのところに来ても対等な共同研究などは望めません．

よく写真で見る通り，ハーディとラマヌジャンは対極にいるようなものです．たとえば，ハーディのすばしこく眼光鋭い目（現代数学者タイプ）とラマヌジャンの茫洋とした風貌（現代数学者でないタイプ）をあげれば充分でしょう．この二人が何年も毎日のように顔をあわせていたのは，大変なことだったでしょう．

ラマヌジャンとハーディの共同研究として分割数の漸近表示があります．その研究においても，本書の第1章で触れたセルバーグの分析によれば，ラマヌジャンは後に発見される分割数に対する誤差項なしの「ラーデマッハーの公式」（それは，セルバーグもやや遅れて独立に到達していた）を主張していたのに，ハーディが信用せず，漸近表示に留まったのです．

ハーディは不等式を扱うのが好きな解析的な人でした．一方，ラマヌジャンは等式を扱う代数的な人でした．水と油のように融和しない間柄でした．セルバーグが言うように，もし，ラマヌジャンが代数的なヘッケのところに留学したら，また違った研究発展ができたのだろうに，とつい考えてしまいます．もちろん，通常の歴史に「もし」は無いのですが．それでも，一度，昔のラマヌジャンのところにタイムマシンを送ってあげたい，と思ってしまいます．

4.2 作品とは？

数学作品は普通「論文」と呼ばれます．たとえば，音楽作品

は「楽譜」と呼ばれるのに対応しているのでしょう．ただし，「数学では数学がまともに書けない人を相手にしないように，音楽では音楽がまともに書けない人を相手にしないものです」と誰かに言われると違和感を持たない人はいないでしょう．ハーディのラマヌジャンへの違和感はそもそも「ラマヌジャンは証明という数学の書き方を知らない」ということから来ているようです．それなら，教えてあげたら，と思うのが人情ですが，ハーディには無理でしょう．数学をする価値がないとまでは言わないのでしょうが，それほど違わないでしょう．

「数学の場合は発見が第一です．論文は二の次です．音楽の場合も発見が第一です．楽譜は二の次です．」と言っていられると気が楽なのですが，専門家は，そんなことが通ると自分たちの領土が踏み荒らされますので，論文や楽譜が書けない素人といって仲間外れにしていくわけです．

2014年の2月5日になって日本の音楽業界では「ゴーストライター」騒ぎが判明しました．楽譜が書けなくたって音楽さえ伝えることができれば良いというような考えは，音楽専門家には無いようです．「あの人が楽譜も書けない人だと知って驚いた」と指示に従って楽譜を書いたといわれる人に証言されると，聞いていて困ってしまいます．競争の激しい複雑な業界でしょうから，しょうがないのでしょうが．

本を書く場合にはゴーストライターがしていると公言される場合も多くて，どういうわけか「ゴーストライター制度」が公認されているらしいのです．「ゴーストライター制度」が数学作品や音楽作品を作る場合にも活用されていると参加者が増えて活況を呈するでしょうね．もちろん，専門家は既得権益を損害されると

第4章 ラマヌジャンが発見されたこと

して大反対に回るでしょうが,第三者からすれば,誰が作ったって知っちゃこっちゃないので,どこに落ちていた論文だって楽譜だって問題は無いでしょう.

もちろん,現代では,誰が作ったかで,作品の価値が決まっているのが普通なのかも知れない,ということは業界ごとの（公然の？）秘密であることは,たとえば,驚異的なベストセラー作家の作品の内容と価値とその寿命を思い浮かべてもらえば良いのでしょう.

結果をどんどん公表するという態度が,科学の大切なところです.誰も真相をわかっていないものを相手にしているのですから,少しずつでも,何かの手がかりになるものを発表していくしか方法は無いわけです.ただし,その際に,何語で書かれたり話されたり講義されたりしたものでも,尊重する態度がなかったら駄目です.

一方,数学研究では他人の話をきいて,こっそりと,そのアイディアと方向で研究してまとめた論文を投稿し出版するまで黙っている,というのが現代数学で普通になっているようです.私は,そのようなこととはつゆ知らず,日本語での講義や講演でアイディアや証明の詳細を公開していました.たとえば,1991年4月～7月に行った東京大学での講義ノート『多重三角関数論講義』です.

そのうち,それらを引用しない同方向の論文がかなりの数になったころ,やっと自分が生き馬の目を抜く現代に生きていることを思い知ったわけでした.講義ノートのコピーをこっそり作って黙って研究に使用して何の引用もしない,という見上げた根性の持ち主が多数派になってしまえば何も怖いことはないわけで

す．悲しいことです．この経験をもとに，2013年11月には黒川信重『現代三角関数論』岩波書店（参考文献〔2〕）を出版しましたが，今回とて日本語ですので，「こっそり」と英語論文として書かれてしまえばお仕舞です．ただし，そんな無駄なことに付き合ってはいられません．

4.3 ラマヌジャンの悲しみ

ラマヌジャンは31歳でインドに戻った翌年に死去という無念な生涯となってしまいました．さらに悲しいことには，ラマヌジャンがハーディの研究グループの一員として参加させてもらえなかったのです．ハーディはリーマン予想の研究という，世界最高レベルの研究をやっていて，ラマヌジャンがケンブリッジに到着した1914年には，さきほど触れたように「リーマンゼータ関数 $\zeta(s)$ は関数等式の中心線 $\mathrm{Re}(s)=\frac{1}{2}$ 上に無限個の零点を持つ」という，世界最先端の成果を出していました．

残念ながら，ラマヌジャンはこの研究にはタッチもさせてもらえませんでした．その理由は研究上の秘密というところもあるでしょうが，何度も述べてきたように，「ラマヌジャンは複素関数論も知らない素人」というハーディによる偏見が大きいでしょう．

4.4 研究のアイディア

ラマヌジャンの研究を見ていると，最後の病床での「モックテータ級数」研究まで，どんどん研究成果を出していたように見えます．毎日のようにハーディに会うたびにいくつもの得た事実

を伝えたようです．ラマヌジャンにとっては，それらはナマギーリ女神が教えてくれたこととして考えていたようです．

ハーディは，ラマヌジャンの言うことには「証明が欠けている」という点が気になってまともに取り合えなかったのでしょう．しかし，現在の見方でいえば，ラマヌジャンは日々新たな「成果へのアイディア」を出し続けていた，と考えるのが良いと思います．ですので，それについて「証明は？」と追及するのは正しくなく，むしろ，ともにアイディアの実現を考えるという方向に行くべきでした．それは，時間のかかることで，研究相談者が「付き合っていられない」と考えたら，そこで，お仕舞となります．

共同研究をしていて感じるのは，アイディアを豊富に提供することの困難さです．それは，実際にアイディアを思いつくことが難しいと同時に貴重なアイディアを提供することの心理的バリアーです．したがって，共同研究者間の人間的信頼関係が重要となります．

私の研究室では，その昔，「リーマン予想の証明アイディア検討会」をしばしば行いました．徹夜で行って，アイディアも出尽くし，研究室から朝の街に繰り出したこともありました．そのような体験を経てくるとアイディアの大切さは自然に身についてくるでしょう．

このように見てきただけでも，1914年当時のケンブリッジ大におけるインドからの留学生ラマヌジャンとその受け入れ教授ハーディの事例は，研究というものを考える上でも，貴重な資料と教訓を与えてくれます．

ついでに，研究におけるアイディアの重要性について触れておきましょう．前にも述べましたが，研究は

(1) 研究テーマを設定
(2) 研究を実行
(3) 研究成果を発表

という等しく重要な三段階からなっています．参考文献〔1〕の「付録」を参照してください．

このうち，アイディアはとくに一番目の「テーマの設定」に必須です．「このような研究をしよう」というきっかけを与えるのがアイディアです．残念ながら日本では，この点の認識が欠けています．つまり，アイディアへの尊敬が欠けているのです．それは，「研究」というのが二番目のいわゆる「研究実行」のみと誤解されていることが大きい理由です．研究では，三番目の「研究成果発表」に多大の時間を費やしていることは専門家にはあたりまえになっている通りです．業界の常識と反するものほど公認に時間がかかるのは当然です．

数学を理解するのもアイディアを理解することからです．証明を一生懸命読んでもさっぱり解らない，ということはよくあります．また，セミナーでの学生の発表を聞いていて要領を得ないこともよくあります．そのようなときに，「要するにどういうことなの？」と聞きたくなります．その答えには，核心のアイディアを伝えてくれれば良いのです．何か重要な定理や予想が証明されたときに，一番知りたいことは，何故できたのか，という点です．細々としたことはいずれにしても，他の人ができなくて，その人だけができた理由を知りたいわけです．

そのことを本人がわかりやすい言葉で説明できなければ，いつまでたっても他者からの理解が得られない，ということになります．ややもすると，説明されるたびに一層理解が遠のいていくと

いうことも起こります．本人が説明と思っていることが，全く，説明になっていないのです．説明する立場にせよ，説明を聞く立場にしても，余程この点には気をつけないといけないところです．

4.5 ジェラシー

人間のやっかいな感情に「ジェラシー(焼き餅，嫉妬)」というものがあります．とくに，数学ではどんどん発見を行う人にジェラシーを感じないわけには行かないものでしょう．実際，別のすっきりとした道を通って，ずっと先まで行き着いているのを見たら，そうなるでしょう．ラマヌジャンにハーディが持った感情の底には，それもあったことでしょう．

ただし，学問の進歩とはそういうものだと割り切ることも必要です．たとえば，リーマン予想の証明を考えてみましょう．リーマン予想の伝統的な研究者は認めたくないことでしょうが，リーマン予想の困難は『良い解析接続が得られていない』ことにあります(参考文献〔1〕〔2〕〔3〕〔4〕参照)．したがって，解析接続の段階から考え直さねばならないのですが，通常，その段階はずっと昔に積分表示(リーマン，1859年)によって済んでいると考えられています．

そこに，ずっと簡単な解析接続であってリーマン予想を導くものを誰かが見つければ，いやでもジェラシーを感ずることになります．他の人が，自分たちのやってきたことを否定されると思って反撃しても無理からぬことでしょう．しかし，それは学問の進歩の一形態です．

参考文献

[1] 黒川信重『リーマン予想を解こう』技術評論社, 2014年3月.
[2] 黒川信重『現代三角関数論』岩波書店, 2013年11月.
[3] 黒川信重『リーマン予想の探求』技術評論社, 2012年.
[4] 黒川信重『リーマン予想の150年』岩波書店, 2009年.

第 5 章

ゼータの積構造の発見

ラマヌジャンの数学は未来への指針を示していることが特長です．それを良く表している例に「ゼータの積構造という仕組みの発見」があります．しかしながら，ラマヌジャンを紹介する際に，まともに取り上げられることはありません．ハーディ『ラマヌジャン 12 講』やバーント『ラマヌジャン ノートブック』(全 5 巻) でも同じことです．

このような「仕組み」の発見は，数学を深くよく見ていないと見逃してしまうものです．ここからラマヌジャンの数学に入って行くことにしましょう．

5.1 ゼータの積構造

ラマヌジャンが発見した積構造とは，オイラー積をもつディリクレ級数

$$\sum_{n=1}^{\infty} a(n) n^{-s}, \quad \sum_{n=1}^{\infty} b(n) n^{-s}$$

に対して，新たな「積」

$$\sum_{n=1}^{\infty} a(n)b(n)n^{-s}$$

を構成すると,それも美しいオイラー積をもつというものです.

ラマヌジャンは『全集』収録の論文17番

「Some formulae in the analytic theory of numbers [数の解析的理論におけるいくつかの公式]」Messenger of Mathematics, 45 (1916) 81–84

において,次の例を挙げています(式番号は原論文のまま):

(1) $\sum_{n=1}^{\infty} d(n)^2 n^{-s} = \dfrac{\zeta(s)^4}{\zeta(2s)}$.

(15) $\sum_{n=1}^{\infty} \sigma_a(n)\sigma_b(n) n^{-s} = \dfrac{\zeta(s)\zeta(s-a)\zeta(s-b)\zeta(s-a-b)}{\zeta(2s-a-b)}$.

番号が飛んでいるところについては,あとで少し触れることにして(第13章も参照),この2つについて説明しましょう.

まず,

$$\zeta(s) = \sum_{n=1}^{\infty} n^{-s} = \prod_{p:素数} (1-p^{-s})^{-1}$$

はゼータの基本となるリーマンゼータです.記号 $d(n)$ は n の約数の個数を表しています.さらに,

$$\sigma_a(n) = \sum_{d|n} d^a$$

は n の約数の a 乗の和を示しています.とくに

$$d(n) = \sigma_0(n)$$

ですので,(15)式において $a=b=0$ の場合には,ちょうど,(1)式となっています.

このような「積構造」あるいは「テンソル積構造」はゼータを構成する重要な「仕組み」です.それこそ,数力(ゼータ)の発

見と言えます.

ラマヌジャンを見るときには,代表的な解説書のハーディ『ラマヌジャン 12 講』でもバーント『ラマヌジャン ノートブック』(全 5 巻)でも,ラマヌジャンの示した数式などの事実にどうしても目が行ってしまいます.しかし,数学の歴史にとっては数学構造の発見がより重要です.数学用語で言いますと「関手性」(functoriality)です.つまり,「数学がうまく進行する仕組み」のことです.

5.2 ラマヌジャンの等式の証明:第 1 部

式 (1) は式 (15) の $a=b=0$ の場合になっていますので,式 (15) を証明すれば良いわけです.

まず,$\sigma_a(n)$ は n の関数として乗法的であることに注意します.これは,m と n が互いに素なときに

$$\sigma_a(mn) = \sigma_a(m)\sigma_a(n)$$

が成り立つことです.別の言い方をしますと,n の素因数分解表示

$$n = \prod_{p:\text{素数}} p^{\mathrm{ord}_p(n)}$$

に対して

$$\sigma_a(n) = \prod_{p:\text{素数}} \sigma_a(p^{\mathrm{ord}_p(n)})$$

となる,ということです.

このときには,ディリクレ級数は

$$\sum_{n=1}^{\infty} \sigma_a(n) n^{-s} = \prod_{p:\text{素数}} \left(\sum_{k=0}^{\infty} \sigma_a(p^k) p^{-ks} \right)$$

というように，素数に関する積 (オイラー積) になります．同様に，$\sigma_a(n)\sigma_b(n)$ が n の乗法的関数であることを使いますと

$$\sum_{n=1}^{\infty}\sigma_a(n)\sigma_b(n)n^{-s}=\prod_{p:\text{素数}}\left(\sum_{k=0}^{\infty}\sigma_a(p^k)\sigma_b(p^k)p^{-ks}\right)$$

となります．

このようにして，示すべき等式は

(☆) $\quad \displaystyle\sum_{k=0}^{\infty}\sigma_a(p^k)\sigma_b(p^k)u^k$

$$=\frac{1-p^{a+b}u^2}{(1-u)(1-p^a u)(1-p^b u)(1-p^{a+b}u)}$$

です．より簡単な場合には

(☆☆) $\quad \displaystyle\sum_{k=0}^{\infty}\sigma_a(p^k)u^k=\frac{1}{(1-u)(1-p^a u)}$

です．(u は複素数で絶対値が十分小さいものと考えておいてください．)

ここで，$u=p^{-s}$ とおきかえると

$$\sum_{k=0}^{\infty}\sigma_a(p^k)p^{-ks}=\frac{1}{(1-p^{-s})(1-p^{-(s-a)})},$$

$$\sum_{k=0}^{\infty}\sigma_a(p^k)\sigma_b(p^k)p^{-ks}$$

$$=\frac{1-p^{-(2s-a-b)}}{(1-p^{-s})(1-p^{-(s-a)})(1-p^{-(s-b)})(1-p^{-(s-a-b)})}$$

となりますので，オイラー積表示から

$$\sum_{n=1}^{\infty}\sigma_a(n)n^{-s}=\prod_{p:\text{素数}}\frac{1}{(1-p^{-s})(1-p^{-(s-a)})}$$

$$=\zeta(s)\zeta(s-a),$$

$$\sum_{n=1}^{\infty} \sigma_a(n)\sigma_b(n) n^{-s}$$
$$= \prod_{p:\text{素数}} \frac{1-p^{-(2s-a-b)}}{(1-p^{-s})(1-p^{-(s-a)})(1-p^{-(s-b)})(1-p^{-(s-a-b)})}$$
$$= \frac{\zeta(s)\zeta(s-a)\zeta(s-b)\zeta(s-a-b)}{\zeta(2s-a-b)}$$

と望みの式が出ます．

5.3 ラマヌジャンの等式の証明：第2部

ラマヌジャンの等式の証明は，前節のようにして

$$(\text{☆}) \quad \sum_{k=0}^{\infty} \sigma_a(p^k)\sigma_b(p^k) u^k = \frac{1-p^{a+b}u^2}{(1-u)(1-p^a u)(1-p^b u)(1-p^{a+b}u)}$$

を示すことに帰着されたわけです．これを証明する前に練習として

$$(\text{☆☆}) \quad \sum_{k=0}^{\infty} \sigma_a(p^k) u^k = \frac{1}{(1-u)(1-p^a u)}$$

の計算をしておきましょう．

はじめに，
$$\sigma_a(p^k) = 1+p^a+p^{2a}+\cdots+p^{ka}$$
$$= \begin{cases} \dfrac{(p^a)^{k+1}-1}{p^a-1} & \cdots\cdots\ p^a \neq 1\ \text{のとき} \\ k+1 & \cdots\cdots\ p^a = 1\ \text{のとき} \end{cases}$$

となることに注意しておきます．どちらの場合も初項1の等比数列の和の公式です．（第2の場合は公比1ですので「等差数列」にもなっています．）なお，a が複素数のときに $p^a = 1$ となるの

は $a=0$ だけではなく,

$$p^a = 1 \iff a = \frac{2\pi i}{\log p} m \quad (m \in \mathbb{Z})$$

となります.

まず, $p^a \neq 1$ のときを考えます. すると

$$\begin{aligned}
\sum_{k=0}^{\infty} \sigma_a(p^k) u^k &= \sum_{k=0}^{\infty} \frac{(p^a)^{k+1} - 1}{p^a - 1} u^k \\
&= \frac{p^a}{p^a - 1} \sum_{k=0}^{\infty} (p^a u)^k - \frac{1}{p^a - 1} \sum_{k=0}^{\infty} u^k \\
&= \frac{p^a}{p^a - 1} \cdot \frac{1}{1 - p^a u} - \frac{1}{p^a - 1} \cdot \frac{1}{1 - u} \\
&= \frac{1}{(1 - u)(1 - p^a u)}
\end{aligned}$$

となります.

次に, $p^a = 1$ のときは

$$\begin{aligned}
\sum_{k=0}^{\infty} \sigma_a(p^k) u^k &= \sum_{k=0}^{\infty} (k+1) u^k \\
&= \frac{1}{(1-u)^2}
\end{aligned}$$

となり, やはり

$$\sum_{k=0}^{\infty} \sigma_a(p^k) u^k = \frac{1}{(1-u)(1-p^a u)}$$

が成り立っています. これで (☆☆) の練習は終りです. なお, 今使った等式

$$\sum_{k=0}^{\infty} (k+1) u^k = \frac{1}{(1-u)^2}$$

は良く知られていることですが,

$$\left(\sum_{k=0}^{\infty} u^k\right)^2$$

を2通りに計算するのがわかりやすいでしょう．一つ目は

$$\sum_{k=0}^{\infty} u^k = \frac{1}{1-u}$$

から

$$\left(\sum_{k=0}^{\infty} u^k\right)^2 = \frac{1}{(1-u)^2}$$

となり，二つ目は

$$\begin{aligned}\left(\sum_{k=0}^{\infty} u^k\right) &= \left(\sum_{k_1=0}^{\infty} u^{k_1}\right)\left(\sum_{k_2=0}^{\infty} u^{k_2}\right) \\ &= \sum_{k_1, k_2 \geqq 0} u^{k_1+k_2} \\ &= \sum_{k=0}^{\infty} \left(\sum_{\substack{k_1, k_2 \geqq 0 \\ k_1+k_2=k}} 1\right) u^k \\ &= \sum_{k=0}^{\infty} (k+1) u^k\end{aligned}$$

となるからです．別の方法としては

$$\sum_{k=0}^{\infty} u^{k+1} = \frac{u}{1-u}$$

の両辺を微分しても

$$\sum_{k=0}^{\infty} (k+1) u^k = \frac{1}{(1-u)^2}$$

を得ます．

さて，本来の (☆) を考えます．このときは

$$\sigma_a(p^k)\sigma_b(p^k) = \begin{cases} \dfrac{(p^a)^{k+1}-1}{p^a-1} \cdot \dfrac{(p^b)^{k+1}-1}{p^b-1} & \cdots \ p^a \neq 1,\ p^b \neq 1 \ \text{のとき} \\ (k+1) \cdot \dfrac{(p^b)^{k+1}-1}{p^b-1} & \cdots \ p^a = 1,\ p^b \neq 1 \ \text{のとき} \\ \dfrac{(p^a)^{k+1}-1}{p^a-1} \cdot (k+1) & \cdots \ p^a \neq 1,\ p^b = 1 \ \text{のとき} \\ (k+1)^2 & \cdots \ p^a = 1,\ p^b = 1 \ \text{のとき} \end{cases}$$

という 4 通りになります．

(I) $p^a \neq 1,\ p^b \neq 1$ のとき

$$\sum_{k=0}^{\infty} \sigma_a(p^k)\sigma_b(p^k) u^k = \sum_{k=0}^{\infty} \frac{(p^a)^{k+1}-1}{p^a-1} \cdot \frac{(p^b)^{k+1}-1}{p^b-1} u^k$$

を計算すると

$$\frac{1}{(p^a-1)(p^b-1)} \left\{ p^{a+b} \sum_{k=0}^{\infty} (p^{a+b}u)^k \right.$$
$$\left. - p^a \sum_{k=0}^{\infty} (p^a u)^k - p^b \sum_{k=0}^{\infty} (p^b u)^k + \sum_{k=0}^{\infty} u^k \right\}$$
$$= \frac{1}{(p^a-1)(p^b-1)} \left\{ \frac{p^{a+b}}{1-p^{a+b}u} - \frac{p^a}{1-p^a u} \right.$$
$$\left. - \frac{p^b}{1-p^b u} + \frac{1}{1-u} \right\}$$
$$= \frac{1}{(p^a-1)(p^b-1)} \left\{ \frac{p^{a+b}-p^a}{(1-p^{a+b}u)(1-p^a u)} \right.$$
$$\left. - \frac{p^b-1}{(1-p^b u)(1-u)} \right\}$$
$$= \frac{1}{p^a-1} \left\{ \frac{p^a}{(1-p^{a+b}u)(1-p^a u)} - \frac{1}{(1-p^b u)(1-u)} \right\}$$
$$= \frac{1-p^{a+b}u^2}{(1-p^{a+b}u)(1-p^a u)(1-p^b u)(1-u)}$$

となる．

(II) $p^a = 1$, $p^b \neq 1$ のとき

$$\sum_{k=0}^{\infty} \sigma_a(p^k)\sigma_b(p^k) u^k$$
$$= \sum_{k=0}^{\infty} (k+1)\frac{(p^b)^{k+1}-1}{p^b-1} u^k$$
$$= \frac{1}{p^b-1}\left\{ p^b \sum_{k=0}^{\infty}(k+1)(p^b u)^k - \sum_{k=0}^{\infty}(k+1)u^k \right\}$$
$$= \frac{1}{p^b-1}\left\{ p^b \frac{1}{(1-p^b u)^2} - \frac{1}{(1-u)^2} \right\}$$
$$= \frac{1-p^b u^2}{(1-u)^2(1-p^b u)^2}$$
$$= \frac{1-p^{a+b} u^2}{(1-u)(1-p^a u)(1-p^b u)(1-p^{a+b} u)}.$$

(III) $p^a \neq 1$, $p^b = 1$ のとき

これは (II) と全く同様：a と b を入れ替えればよい．

(IV) $p^a = 1$, $p^b = 1$ のとき

$$\sum_{k=0}^{\infty} \sigma_a(p^k)\sigma_b(p^k) u^k = \sum_{k=0}^{\infty} (k+1)^2 u^k$$

を計算すれば良い．そのためには

$$\sum_{k=0}^{\infty} (k+1) u^{k+1} = \frac{u}{(1-u)^2}$$

を微分することによって

$$\sum_{k=0}^{\infty} (k+1)^2 u^k = \frac{1+u}{(1-u)^3}$$
$$= \frac{1-u^2}{(1-u)^4}$$

となることを使う．つまり，

$$\sum_{k=0}^{\infty} \sigma_a(p^k)\sigma_b(p^k)u^k$$
$$= \frac{1-u^2}{(1-u)^4}$$
$$= \frac{1-p^{a+b}u^2}{(1-u)(1-p^a u)(1-p^b u)(1-p^{a+b}u)}$$

となり,この場合にも(☆)が成立することがわかる.

このようにして,ラマヌジャンの等式(1)(15)は完全に証明されました.なお,(1)を直接示すには $a=b=0$ として上記の(IV)の場合を使えば良いわけです.ちなみに,ラマヌジャンの論文には(1)(15)の証明は付いていません.

5.4 ラマヌジャンの等式の応用

ラマヌジャンの等式やその拡張は,ラマヌジャン予想の研究をはじめとする現代数論でとても重要な道具として使われています.それらについては本書において徐々に触れることにして,ここでは式(15)の直接的な応用を述べておきます.

それは

A.E.Ingham "Note on Riemann's ζ-function and Dirichlet's L-functions" J.London Math. Soc. 5 (1930) 107-112

において使われたものです.よく知られていることですが,x以下の素数の個数 $\pi(x)$ を評価する

> **素数定理** $\displaystyle\lim_{x\to\infty}\frac{\pi(x)}{x/\log x}=1$

は「リーマンゼータ $\zeta(s)$ が $\mathrm{Re}(s)=1$ 上に零点をもたない」ということから導かれます．インガムの論文は，この「$\zeta(s)$ が $\mathrm{Re}(s)=1$ 上に零点をもたない」ことの新しい証明をラマヌジャンの等式 (15) から与えたものです．なお，ラマヌジャンの等式についてはハーディは特段関心を払っていませんが，インガムの証明については『ラマヌジャン 12 講』第 4 講 (§4.3) で触れています．

▎証明の概略 ▎

0 でない実数 c に対して $\zeta(1+ic)\neq 0$ を示せば良いが，$\zeta(1-ic)=\overline{\zeta(1+ic)}$ なので，「$c>0$ に対して $\zeta(1+ic)\neq 0$」を示せば十分である．

いま $\zeta(1+ic)=0$ となる $c>0$ に対して

$$f(s)=\sum_{n=1}^{\infty}|\sigma_{ic}(n)|^2 n^{-s}$$

というディリクレ級数を考える．ここで，

$$\begin{aligned}|\sigma_{ic}(n)|^2 &= \sigma_{ic}(n)\overline{\sigma_{ic}(n)}\\ &=\sigma_{ic}(n)\sigma_{-ic}(n)\end{aligned}$$

なので，ラマヌジャンの等式 (15) において $a=ic$, $b=-ic$ としたものから

$$f(s) = \sum_{n=1}^{\infty} \sigma_{ic}(n)\sigma_{-ic}(n)n^{-s}$$
$$= \frac{\zeta(s)^2 \zeta(s-ic)\zeta(s+ic)}{\zeta(2s)}$$

となる．次の3点①②③に注目する．

① ディリクレ級数 $f(s)$ は $\mathrm{Re}(s) > 1$ において絶対収束している．

② ディリクレ級数 $f(s)$ の係数は
$$|\sigma_{ic}(n)|^2 \geqq 0$$
である．

③解析接続された関数
$$f(s) = \frac{\zeta(s)^2 \zeta(s-ic)\zeta(s+ic)}{\zeta(2s)}$$
は $\mathrm{Re}(s) > \frac{1}{2}$ において正則である；と言うのは，極が表れる可能性は

- $\zeta(s)^2$ の項から $s=1$ における2位の極
- $\zeta(s-ic)$ の項から $s=1+ic$ における1位の極
- $\zeta(s+ic)$ の項から $s=1-ic$ における1位の極のみであるが
- $s=1$ においては，$\zeta(s-ic)$, $\zeta(s+ic)$ の項からそれぞれ零点がきて，$s=1$ は極ではない．
- $s=1+ic$ においては，$\zeta(s)^2$ の項から2位以上の零点がきて，極ではない．
- $s=1-ic$ においては，$\zeta(s)^2$ の項から2位以上の零点がきて，極ではない．

となっているためである．

このような状況①②③においてはランダウの定理として知られている結果を用いると

「ディリクレ級数 $f(s)$ は $\mathrm{Re}(s) > \dfrac{1}{2}$ において収束する」

ということがわかる．とくに，$\delta > 0$ なら

$$f\left(\frac{1}{2}+\delta\right) = \sum_{n=1}^{\infty} |\sigma_{ic}(n)|^2 n^{-(\frac{1}{2}+\delta)}$$
$$= 1 + |\sigma_{ic}(2)|^2 2^{-(\frac{1}{2}+\delta)} + \cdots$$
$$\geqq 1$$

とわかる．一方，$s = \dfrac{1}{2} + \delta$ に対して

$$\zeta(2s) = \zeta(1+2\delta)$$

は $\delta \to 0$ のときに無限大に行くので

$$\lim_{\delta \to 0} f\left(\frac{1}{2}+\delta\right) = 0$$

となって，前に示した

$$f\left(\frac{1}{2}+\delta\right) \geqq 1 \quad (\delta > 0)$$

に矛盾する．よって，$\zeta(s)$ は $\mathrm{Re}(s) = 1$ 上に零点をもたない．

(証明終)

見事なラマヌジャン等式の活用です．ハーディがラマヌジャンの数学に良く親しんでいたら，ラマヌジャンの論文が出版された1916年以前に，上の証明に気付いても不思議ではありません．実際には，それは，ラマヌジャンの論文の出版から14年後の1930年にインガムによって成されるという歴史になりました．

5.5 テンソル積

ラマヌジャンの等式は

$$Z_{a,b}(s) = \sum_{n=1}^{\infty} \sigma_a(n)\sigma_b(n) n^{-s}$$

に対して

$$Z_{a,b}(s) = \prod_{p:\text{素数}} Z_{a,b}^p(s),$$

$$Z_{a,b}^p(s) = \frac{1-p^{a+b-2s}}{(1-p^{-s})(1-p^{a-s})(1-p^{b-s})(1-p^{a+b-s})}$$

となっていることを言っています.

ここで, 形式的に $p \to 1$ の極限をとると

$$\lim_{p \to 1} Z_{a,b}^p(s)(1-p^{-1})^3$$

$$= \lim_{p \to 1} \frac{\dfrac{1-(p^{-1})^{2s-a-b}}{1-p^{-1}}}{\dfrac{1-(p^{-1})^s}{1-p^{-1}} \cdot \dfrac{1-(p^{-1})^{s-a}}{1-p^{-1}} \cdot \dfrac{1-(p^{-1})^{s-b}}{1-p^{-1}} \cdot \dfrac{1-(p^{-1})^{s-a-b}}{1-p^{-1}}}$$

$$= \frac{2s-a-b}{s(s-a)(s-b)(s-a-b)}$$

$$= \frac{2\left(s - \dfrac{a+b}{2}\right)}{s(s-a)(s-b)(s-a-b)}$$

となっています.

ラマヌジャンのもともとの積構造は, その分母 (オイラー因子の) に注目すると, クロネッカー・テンソル積

$$\begin{pmatrix} 1 & 0 \\ 0 & p^a \end{pmatrix} \otimes \begin{pmatrix} 1 & 0 \\ 0 & p^b \end{pmatrix} \cong \begin{pmatrix} 1 & & & 0 \\ & p^a & & \\ & & p^b & \\ 0 & & & p^{a+b} \end{pmatrix}$$

に対応しています. 上記の $p \to 1$ における積構造は絶対テンソル

積 (黒川テンソル積)
$$s(s-a) \otimes s(s-b) = s(s-a)(s-b)(s-a-b)$$
に対応しています (ただし, 黒川テンソル積と見るときは, $\mathrm{Im}(a)>0$, $\mathrm{Im}(b)>0$ としておきます). 詳しくは

- 黒川信重『現代三角関数論』岩波書店, 2013 年 11 月
- 黒川信重『リーマン予想を解こう』技術評論社, 2014 年 3 月

を見てください.

5.6 さらにラマヌジャンの積

本章で紹介したラマヌジャンの論文 (1916 年出版) には, 他にも面白い等式が色々と挙げられています. たとえば,

(5)
$$\sum_{n=1}^{\infty} d(n)^r n^{-s} = \zeta(s)^{2r} \phi_r(s),$$
$\phi_r(s)$ は $\mathrm{Re}(s) > \frac{1}{2}$ において絶対収束

も, その一つです. これは r 個の積

「$\sum_{n=1}^{\infty} a_1(n) n^{-s}, \cdots, \sum_{n=1}^{\infty} a_r(n) n^{-s}$
$$\Longrightarrow \sum_{n=1}^{\infty} a_1(n) \cdots a_r(n) n^{-s}$$」

の例になっています. $r=2$ のときは (1) の通り

$$\sum_{n=1}^{\infty} d(n)^2 n^{-s} = \zeta(s)^4 \phi_2(s),$$
$$\phi_2(s) = \frac{1}{\zeta(2s)}$$

が精密な形でした．

この方向の一つの発展としてエスターマンの 1928 年の結果を紹介しておきましょう：

T. Estermann "On certain functions represented by Dirichlet series" Proc. London Marh. Soc. **27** (1928) 435–448.

定理（エスターマン，1928）

$r \geqq 3$ に対して $\sum_{n=1}^{\infty} d(n)^r n^{-s}$ は $\mathrm{Re}(s)>0$ において有理型関数に解析接続され，$\mathrm{Re}(s)=0$ を自然境界にもつ．

これは，オイラー積が自然境界をもつ（上記の場合なら $\mathrm{Re}(s) \leqq 0$ には解析接続は絶対に不可能）という意外な結果です．

このエスターマンの論文の方法は黒川により，さらに拡張されています．次の 4 つの論文をあげておきましょう．

- N. Kurokawa "On the meromorphy of Euler products" Proc. Japan Acad. **54 A** (1978) 163-166.
- N. Kurokawa "On the meromorphy of Euler products (I) (II)" Proc. London Math. Soc. **53** (1986) 1-47, 209-236.
- N. Kurokawa "On certain Euler products" Acta Arith. **48** (1987) 49-52.
- N. Kurokawa "Analyticity of Dirichlet series over prime powers" Springer Lecture Notes in Math. **1434** (1989) 168-177.

第6章 発散級数の和

ラマヌジャンは無限和が大好きでした．収束級数の和を求めることもお気に入りのテーマでしたが，発散級数はとりわけ親しいものでした．発散級数の和は「無限大」や「不定」ですが，ラマヌジャンは「発散級数の定数」という感覚をつかんでいました．それは，オイラー以来追求されてきた"総和法"の探求です．もちろん，他の人が追試できなければいけませんが，それはあくまで，主張の意味を測る作業です．杓子定規に「無限大」「無意味」と切り捨ててはいけません．これは，日本文化では，古来から和歌，俳句，小説，落語，演劇，茶道，盆栽，庭園，建築などにおいて使われてきたところの「見立て (みたて)」に通じます．

6.1 ラマヌジャンからハーディへの最初の手紙

インドに居たラマヌジャンが最初にハーディに書いた手紙は，前にも触れましたが，1913年1月16日付のものでした．それは『ラマヌジャン全集』に入っています．その中には「I had made a special investigation of divergent series in general（私は発散級数一般に関する特別な研究をしました）…」という言葉とともに

$$1-2+3-4+\cdots = \frac{1}{4}$$

$$1-1!+2!-3!+\cdots = 0.596\cdots \quad [初項は0!]$$

$$1+2+3+4+\cdots = -\frac{1}{12}$$

$$1^3+2^3+3^3+4^3+\cdots = \frac{1}{120}$$

という例があげられています.また,

$$1-1^1+2^2-3^3+4^4-\cdots \quad [初項は0^0]$$

も求められると記しています.

　これを受け取ったハーディは,きっと困ったことになったと思ったでしょう.ラマヌジャンからは「自分の理論ではこのようになるのだが,インドでは誰も理解してくれない」と悲痛な叫びも届くからです.

　数学の通常の意味では,ラマヌジャンの言っていることはどれも間違いで,発散級数の和が有限確定値になることはありません.

　もちろん,ハーディはオイラー以来の様々な「総和法」を知っていましたので,ラマヌジャンの言っていることは"ある意味で正しい"ことは理解していました.ただし,ハーディはラマヌジャンの数学を詳しく解説した『ラマヌジャン12講』でも,ラマヌジャンの発散級数論については全く触れていません.ハーディの中でも時間がかかったのかも知れません.

　ハーディが「ラマヌジャンの発散級数の和の求め方」についての解説を書いたのは,出版が1949年になってしまった最後の著書『Divergent Series(発散級数)』においてでした.ハーディは

2年前の1947年に亡くなっていました．この本はハーディの最愛の本だったようです．1913年にラマヌジャンから受け取った手紙以来の願いを30年以上経てやっと叶えたものだったのでしょう．ラマヌジャンへのお詫びも込められていたのではないでしょうか．

6.2 ワトソンの解読

ワトソン（George Neville Watson, 1886年1月31日―1965年2月2日）は，現在では

・E.T. Whittaker, G.N.Watson "A Course of Modern Analysis" Cambridge UP

（1918年の第2版からワトソンは参加，1902年の第1版はホィタッカーの単著；ホィタッカーはワトソンの学位論文指導者）

・G.N.Watson "Treatise on the Theory of Bessel Functions" Cambridge UP, 1922

という2つの本で有名です．

ラマヌジャンの『ノート』は大部分がインドにいたときに書き留められたものですが，3000〜4000個の結果が記されていました．1914年4月にラマヌジャンがハーディのもとに来てから，その『ノート』はハーディの手の届くところにあり，ラマヌジャンの死後はハーディが所持していました．1928年にハーディはワトソンにラマヌジャンの『ノート』を手渡し，それの研究を託しました．ワトソンはラマヌジャンの1つ年上でした．その後，ワトソンは15年間にわたりラマヌジャンの『ノート』についての報告をC.T.Preece等とも協力して書くことになります．

その報告の中の一編

G.N.Watson "Theorems stated by Ramanujan (VIII):Theorems on divergent series" J.London Math.Soc.4 (1929) 82-86

はラマヌジャンの発散級数を扱っています．ワトソンの論文に沿ってラマヌジャンの計算結果を説明しましょう．ただし，どれもどこかにイカガワシイところがあります．

(1) "$1-2+3-4+\cdots$"
$$= \lim_{x \to 1-0} (x-2x^2+3x^3-4x^4+\cdots)$$
$$= \lim_{x \to 1-0} \frac{x}{(1+x)^2}$$
$$= \frac{1}{4}$$

はアーベルの総和法と呼ばれるものです．つまり，

"$a(1)+a(2)+a(3)+\cdots$"
$$= \lim_{x \to 1-0} (a(1)x+a(2)x^2+a(3)x^3+\cdots)$$

とするものです．

(2) "$1-1!+2!-3!+\cdots$"
$$= \sum_{n=0}^{\infty} (-1)^n \int_0^{\infty} t^n e^{-t} dt$$
$$= \int_0^{\infty} \frac{e^{-t}}{1+t} dt$$
$$= 0.5963\cdots$$

はボレルの総和法と呼ばれているものです．

(3) "$1+2+3+\cdots$"

はアーベルの総和法では有限値には求まりません．というのは

$$\lim_{x \to 1-0} (x+2x^2+3x^3+\cdots) = \lim_{x \to 1-0} \frac{x}{(1-x)^2}$$
$$= \infty$$

となってしまうからです．その代わりに，ラマヌジャンは次の方法を記しています：

$c = 1+2+3+4+\cdots$

とおくと

$4c = 4+8+\cdots$

より

$$-3c = 1-2+3-4+\cdots = \frac{1}{(1+1)^2} = \frac{1}{4}$$

となるので

$$c = -\frac{1}{12}.$$

(4) "$1^3+2^3+3^3+\cdots$"

は (3) の場合にも使える方法として，

$$1^{-s}+2^{-s}+3^{-s}+\cdots = \zeta(s)$$

の $s=-1,-3$ における値を求めること，と考えられます．その後の計算は通常の解析接続後の計算法や関数等式を用いた方法など，いずれにしても

$$\zeta(-1) = -\frac{1}{12} \ \longleftrightarrow\ \zeta(2) = \frac{\pi^2}{6}$$

$$\zeta(-3) = \frac{1}{120} \ \longleftrightarrow\ \zeta(4) = \frac{\pi^4}{90}$$

と求まります．

(5) "$1-1^1+2^2-3^3+\cdots$"

については，ラマヌジャンは答を書いていませんでしたが，ワトソンはボレル総和法によって

"$1-1^1+2^2-3^3+\cdots$"

$$= 1+\sum_{n=1}^{\infty}\frac{(-1)^n n^n}{n!}\int_0^{\infty}t^n e^{-t}dt$$

$$= \int_0^{\infty}\left\{1+\sum_{n=1}^{\infty}\frac{(-1)^n n^n t^n}{n!}\right\}e^{-t}dt$$

$$\stackrel{☆}{=} \int_0^{\infty}\frac{1}{1+u}\cdot\exp(-ue^u)\frac{d(ue^u)}{du}du$$

$$= \int_0^{\infty}\exp(u-ue^u)du$$

$$\stackrel{☆☆}{=} \int_1^{\infty}\frac{dx}{x^x}$$

$$= 0.70416996\cdots$$

と求めています.ただし,☆では $t=ue^u$ と置きかえ,☆☆では $x=e^u$ と置きかえています.また,☆のところでは

$$\frac{1}{1+u}=1+\sum_{n=1}^{\infty}\frac{(-1)^n n^n (ue^u)^n}{n!}$$

としていますが,これは"ルジャンドルの等式"(1816年)

$$e^u = 1+ue^u+\sum_{n=2}^{\infty}\frac{(-1)^{n-1}(n-1)^{n-1}u^n e^{nu}}{n!}$$

を微分して得られる

$$e^u = (1+u)e^u\left(1+\sum_{n=2}^{\infty}\frac{(-1)^{n-1}(n-1)^{n-1}(ue^u)^{n-1}}{(n-1)!}\right)$$

の両辺を $(1+u)e^u$ で割ったものに他なりません.

ここで,上で使った意味でのボレル総和法について記しておきましょう.それは

"$a(1)+a(2)+a(3)+\cdots$"

$$= \int_0^{\infty}\left(\sum_{n=1}^{\infty}\frac{a(n)t^n}{n!}\right)e^{-t}dt$$

と見る方法です.この右辺は

$$\sum_{n=1}^{\infty} \frac{a(n)}{n!} \int_0^{\infty} t^n e^{-t} dt$$

とみなすことによって

$$"\sum_{n=1}^{\infty} a(n)"$$

と納得できるでしょう．実際，積分の値は

$$\int_0^{\infty} t^n e^{-t} dt = n! \quad (n = 1, 2, 3, \cdots)$$

です．これは，高校でもやるように，n についての帰納法で示すことができます：

$n = 1$ のときは，部分積分により

$$\int_0^{\infty} t e^{-t} dt = [-t e^{-t}]_0^{\infty} + \int_0^{\infty} e^{-t} dt$$
$$= [-e^{-t}]_0^{\infty}$$
$$= 1$$

です．また，一般の $n \geq 2$ に対しては

$$\int_0^{\infty} t^n e^{-t} dt = [-t^n e^{-t}]_0^{\infty} + \int_0^{\infty} n t^{n-1} e^{-t} dt$$
$$= n \int_0^{\infty} t^{n-1} e^{-t} dt$$

ですので，$n-1$ の場合に帰着し，

$$\int_0^{\infty} t^n e^{-t} dt = n \cdot (n-1)!$$
$$= n!$$

とわかります．なお，ガンマ関数

$$\Gamma(x) = \int_0^{\infty} t^{x-1} e^{-t} dt$$

の話を用いるなら，直接に

$$\int_0^\infty t^n e^{-t} dt = \Gamma(n+1)$$
$$= n!$$

となっています．

ちなみに，ラマヌジャンは 1913 年 1 月 16 日のハーディへの手紙において，自分の研究の基本は公式

$$n! = \int_0^\infty t^n e^{-t} dt$$

であると記しています．

ワトソンは 1935 年にはロンドン数学会の会長になりました．就任の際の記念講演（1935 年 11 月 14 日）のテーマに選んだのは，ラマヌジャンが短い人生の最後に集中して研究を行ったモックテータ関数についてでした．その講演は

G.N.Watson "The final problem : an account of the Mock theta functions" J.London Math. Soc. 11 (1936) 55-80

に論文として出版されています．この論文は 2001 年に刊行された論文集

B.C.Berndt, R.A.Rankin (editors) "Ramanujan : Essays and Surveys" American Math. Soc., London Math. Soc.

の 325 ページ-347 ページにも再録されています．

なお，"mock theta" は「あざけりテータ」くらいですが，ラマヌジャンは "false theta"（偽テータ・間違いテータ）と対比させていますので，「擬テータ」というような訳よりは「モックテータ」を使うのが良いと思います．

ワトソンは，文才も豊かな数学者だったようです．この講演のはじめのところで "The final problem"（最後の問題／最後の事件）というタイトルは John H. Watson (M.D.) 氏によって使わ

れたタイトルにちなんでいると注意しています．こちらのワトソン医学博士とはコナン・ドイルの創作『シャーロック・ホームズ』における語り手のことです．シャーロック・ホームズがモリアーティ教授（数学者）との闘いでスイスのライヘンバッハの滝壺に落ちて行く…という「最後の事件」（発表年1893年，"事件発生年1891年"）からタイトルがきていることは，シャーロック・ホームズ物の愛読者には自明のことでしょう．

ワトソンは同姓のワトソン医学博士にあやかって，ラマヌジャン最後の問題を解明しようとしたのでした．茶目っ気もある人だったのでしょう．この講演の最後は次のように結ばれています：
「Ramanujan's discovery of the mock theta functions makes it obvious that his skill and ingenuity did not desert him at the evening of his untimely end. As much as any of his earlier work, the mock theta functions are an achievement sufficient to cause his name to be held in lasting remembrance. To his students such discoveries will be a source of delight and wonder until the time shall come when we too shall make our journey to that Garden of Proserpine where

"Pale, beyond porch and Portal,
  Crowned with calm leaves, she stands
  Who gathers all things mortal
  With cold immortal hands."」

ちょうど
カニーゲル『無限の天才』（田中靖夫訳）工作舎
p.306-307に，ここのところが引用されて訳出されていますので紹介しましょう（ただし，「擬テータ」という訳は「モックテータ」

等に適宜直しました）：

「ラマヌジャンによるモックテータ関数の発見は，夭逝の時が忍び寄っているにも拘らず，その技量と天分が依然彼を見捨てていなかったことを歴然と物語っている．初期の研究と同じように，モックテータ関数は彼の名を不朽のものとするに相応しい偉業である．彼の研究を学ぶものにとって，このような発見は

　　　蒼白き顔もて朽葉の冠を被り
　　　玄関から遠く離れた場所に立ち
　　　冷たき不死の御手もて
　　　死すべきものすべて掻き集む

プロセルピナの花園，つまり，彼岸の地へと旅立つ時が我々にも訪れるまでは，喜悦と驚異の源となることだろう．」

6.3 ラマヌジャン総和法

ラマヌジャンによる発散級数の和の求め方として代表的なものは，適当な関数 $f(x)$ に対して

$$"\sum_{n=1}^{\infty} f(n)" = -\frac{1}{2}f(0) - \sum_{n=1}^{\infty} \frac{B_{2n}}{(2n)!} f^{(2n-1)}(0)$$

と置くものです．この右辺をラマヌジャンは級数

$$\sum_{n=1}^{\infty} f(n)$$

の「constant (定数)」と呼んでいました．ただし，B_{2n} はベルヌイ数です．

たとえば，$f(x) = x$ なら

$$"\sum_{n=1}^{\infty} n" = -\frac{B_2}{2!} f'(0)$$

$$= -\frac{1/6}{2} \cdot 1$$
$$= -\frac{1}{12},$$

$f(x) = x^3$ なら

$$\text{``}\sum_{n=1}^{\infty} n^3\text{''} = -\frac{B_4}{4!} f'''(0)$$
$$= -\frac{1/30}{24} \cdot 6$$
$$= -\frac{1}{120}$$

となります.ついでに,$f(x) = x^2$ で計算すると

$$\text{``}\sum_{n=1}^{\infty} n^2\text{''} = 0$$

です.この「ラマヌジャン総和法」は,もともとは「オイラー・マクローリン総和法」から来ています.背景などを込めて詳しくは

ハーディ『発散級数』1949 年

を見てください.

　もちろん,上記の方法は万能ではなく,ラマヌジャンは,その他の色々な工夫によって"発散級数の和"を求めていたのでしょう.ラマヌジャンから百年経った現代数学では発散級数論の専門家も少なくなってしまい,発散級数論が脚光をあびる場面がそれほど多くなくなってしまっているのは残念なことです.豊富な数学資源の宝庫ですので復活して欲しいものです.ただし,物理学との交流では,後に述べるように発散級数が活躍していますので,発散級数を使いたい人はそのあたりから入るのも良いでしょう.

　基本的には

$$a(1) + a(2) + a(3) + \cdots$$

に何らかの意味で近づく理由が付けば良いので，たとえば

$$\sum_{n=1}^{\infty} a(n) e^{-nu}$$

を $u \to +0$ としたときの様子を調べることは，おすすめです．ここの u は量子力学のプランク定数（普通は h と書く）にあたるものと考えるとわかりやすいかも知れません．一度

$$\sum_{n=1}^{\infty} a(n) e^{-nu}$$

と"量子化"しておいて $u \to +0$ とすることによって

$$"\sum_{n=1}^{\infty} a(n)"$$

という"古典化"を求めるという方法です．

たとえば，$a(n) = n \ (n = 1, 2, 3, \cdots)$ なら

$$\sum_{n=1}^{\infty} n e^{-nu} = \frac{e^{-u}}{(1-e^{-u})^2}$$
$$= \frac{1}{(e^{\frac{u}{2}} - e^{-\frac{u}{2}})^2}$$
$$= \frac{1}{u^2} + \left(-\frac{1}{12}\right) + \left(\frac{1}{240} u^2 + \cdots\right)$$

という展開をもつことがわかります．最後の式は，$u \to +0$ のとき

[∞ に発散する項] + [定数項]
　　　　　 + [0 に収束する項]

という3つの部分に分解されて，ラマヌジャンは [定数項] を見ていたわけです．もちろん

$$\sum_{n=1}^{\infty} n = \infty$$

は第1項を見ているもので，第2項を見ると

$$"\sum_{n=1}^{\infty} n" = -\frac{1}{12}$$

という，より深い真理に辿り着けるわけです．物理学の用語では「繰り込み」にあたります．この辺は，絶対数学と同じく，主体的に修得すべきものです．

なお，この処方は，$k=0,1,2,3,\cdots$ などラマヌジャンが考えていた場合に

$$\sum_{n=1}^{\infty} n^k e^{-nu} \xrightarrow[u \to +0]{} "\sum_{n=1}^{\infty} n^k"$$

として行うと，期待通り「定数項」が $\zeta(-k)$ と一致することがわかります．発散級数はパラメータ付で考えるとわかり良い実例です．

6.4 オイラーの論文

ラマヌジャンがオイラーの論文を見る機会はほとんどなかったのかも知れませんが，数学史から公平に見れば，オイラーが1749年には

$$1-2+3-4+\cdots = \frac{1}{4}$$

を求め，1760年には

$$1-1!+2!-3!+\cdots = 0.596\cdots$$

を計算していたことは事実ですので書いておきましょう．

前者は1749年に書かれた

"Remarques sur un beau rapport entre les series des puissances tant directes que reciproques"(『オイラー全集』I -15巻, p.70-90；論文番号352)

にあります．これはゼータ関数の関数等式を発見した有名な論文

です．オイラーが発散級数の和をうまく求めたという話のときには必ず出てくるものです．

後者は 1760 年に書いた論文

"De seriebus divergentibus"(『オイラー全集』Ⅰ-14 巻, p.585-617；論文番号 247)

にあり，オイラーは

$$\text{"}1-1!+2!-3!+4!-5!+\cdots\text{"}=0.59637164$$

と求めています (全集の編者は 0.59637255 と修正).

オイラーによると

$$\text{"}1-1!+2!-3!+4!-5!+\cdots\text{"}$$
$$=e\int_0^1 \frac{e^{-\frac{1}{x}}}{x}dx$$
$$=0.596\cdots$$

です．この積分は $x=\dfrac{1}{1+u}$ とおきかえると

$$e\int_0^1 \frac{e^{-\frac{1}{x}}}{x}dx=\int_0^\infty \frac{e^{-u}}{1+u}du$$

となり，ワトソンの求めたものと同じものです．

さらに，オイラーは

"$1-1!+2!-3!+4!-\cdots$"

$$=\cfrac{1}{1+\cfrac{1}{1+\cfrac{1}{1+\cfrac{2}{1+\cfrac{2}{1+\cfrac{3}{1+\cfrac{3}{1+\cfrac{4}{1+\cfrac{4}{1+\cfrac{5}{1+\cfrac{5}{\ddots}}}}}}}}}}}$$

という驚くべき連分数表示を与えています．これなら，$\frac{1}{2}$ よりちょっと大きいこともすぐわかります．

もっと一般にして，オイラーは
"$1-1!x+2!x^2-3!x^3+4!x^4-\cdots$"

$$=\cfrac{1}{1+\cfrac{x}{1+\cfrac{x}{1+\cfrac{2x}{1+\cfrac{2x}{1+\cfrac{3x}{1+\cfrac{3x}{1+\cfrac{4x}{1+\cfrac{4x}{1+\cfrac{5x}{1+\cfrac{5x}{\ddots}}}}}}}}}}}$$

という連分数表示を発見しています．

また，オイラーの
"$1-1+1\cdot3-1\cdot3\cdot5+1\cdot3\cdot5\cdot7-\cdots$"

$$=\cfrac{1}{1+\cfrac{1}{1+\cfrac{2}{1+\cfrac{3}{1+\cfrac{4}{1+\cfrac{5}{\ddots}}}}}}$$

"$x-1\cdot x^3+1\cdot3\cdot x^5-1\cdot3\cdot5\cdot x^7+1\cdot3\cdot5\cdot7\cdot x^9-\cdots$"

$$=\cfrac{x}{1+\cfrac{1x^2}{1+\cfrac{2x^2}{1+\cfrac{3x^2}{1+\cfrac{4x^2}{1+\cfrac{5x^2}{\ddots}}}}}}$$

という美しい連分数も見逃せない絶景です．この周辺について

は，次の本も見てください：

黒川信重『オイラー探検：無限大の滝と 12 連峰』シュプリンガージャパン，2007 年；丸善，2012 年．

6.5 ラマヌジャンから百年後

今から百年前のラマヌジャンは 1913 年 1 月 16 日付の手紙にあるように

$$1+2+3+\cdots=-\frac{1}{12}$$

という公式をインドでは理解してくれる人が居ないと嘆いていました．それは，ゼータ関数の値

$$\zeta(-1)=-\frac{1}{12}$$

であることを知っているハーディに救われたわけですが，現代では，この公式は日常的に使われています．その解説は

黒川信重『リーマン予想を解こう』技術評論社，2014 年 3 月

の第 2 章を見てください．

物理学から使用例をあげますと

(a) 量子力学的なカシミール効果の理論値

(b) 素粒子論における弦理論の時空次元の決定

があります．どちらも，ラマヌジャンより後に 20 世紀に発見されたものです．(a) については

黒川信重・若山正人『絶対カシミール元』岩波書店，2002 年，

(b) については

大栗博司『大栗先生の超弦理論入門』ブルーバックス，2013 年

をおすすめします．後者では時空次元が 26 次元 (時間次元 1,

第6章　発散級数の和

空間次元25)となることが $1+2+3+\cdots$ の分母に出ている 12 から

$$26 = 12 \times 2 + 2$$

となっていることが鍵となっています．さらに，この本には

$$1+2+3+\cdots = -\frac{1}{12}$$

を見た私の感想を「数学者の黒川信重は"滝に打たれたような衝撃である"と評しています」と紹介してあります (100 ページ，112 ページ)．

このような現代に住んでいたとしたら，きっとラマヌジャンも気楽に

$$1+2+3+\cdots = -\frac{1}{12}$$

と書けたのに，と思わずにはいられません．

問題

$$\int_0^1 x^{-x} dx = \sum_{n=1}^\infty n^{-n}$$

を証明しなさい．

解答

$$x^{-x} = \exp\left(x \log \frac{1}{x}\right) = \sum_{m=0}^\infty \frac{1}{m!} x^m \left(\log \frac{1}{x}\right)^m$$

より

$$\int_0^1 x^{-x} dx = \sum_{m=0}^\infty \frac{1}{m!} \int_0^1 x^m \left(\log \frac{1}{x}\right)^m dx$$

となる．ここで，$x = e^{-t}$ とおきかえると

$$\int_0^1 x^m \left(\log \frac{1}{x}\right)^m dx = \int_0^\infty e^{-(m+1)t} t^m dt$$
$$= (m+1)^{-(m+1)} \Gamma(m+1)$$
$$= m!(m+1)^{-(m+1)}$$

であるので，

$$\int_0^1 x^{-x} dx = \sum_{m=0}^\infty (m+1)^{-(m+1)} = \sum_{n=1}^\infty n^{-n}.$$

──────────────────────── **解答終**

　この等式は，歴史的には17世紀から18世紀にかけてのベルヌイやオイラーが知っていたもので，20世紀ではセルバーグが14歳のときに発見したエピソードでも有名です．本章で紹介した，ラマヌジャンとワトソンによる等式

$$\text{"}1 - 1^1 + 2^2 - 3^3 + 4^4 - \cdots\text{"} = \int_1^\infty x^{-x} dx$$

との対比も面白いでしょう．

第7章 保型性の探求

ラマヌジャンの数学を見て強く感じるのは「保型性」への愛着です．本章は，保型性とその応用を見ます．保型形式のオイラー積ゼータはラマヌジャンのとび抜けて重要な発見です．それは，ラマヌジャン保型形式の場合だけでなく，アイゼンシュタイン級数の場合でもそうなのです．アイゼンシュタイン級数の場合は知られているゼータで書けて，つまらないという風評にさらされたかも知れませんが，そんな短絡的な声は百年後の今はどこかに消えています．もちろん，日本の風土のスローガンは『無難な大発見を従順に！』ですので，ラマヌジャンは無理です．ラマヌジャンが何を見ようとしたのかも徐々に見ましょう．

7.1 ラマヌジャンの好きな等式

ラマヌジャンがとても好きだったものに

(1) $\displaystyle\sum_{n=1}^{\infty}\frac{n}{e^{2\pi n}-1}=\frac{1}{24}-\frac{1}{8\pi}$,

(2) $\displaystyle\sum_{n=1}^{\infty}\frac{n^5}{e^{2\pi n}-1}=\frac{1}{504}$,

(3) $\displaystyle\sum_{n=1}^{\infty}\frac{n^{13}}{e^{2\pi n}-1}=\frac{1}{24}$

というタイプの等式があります．

このうち (1) は『ラマヌジャン全集』に収録されている Question 387 (J.Indian Math. Soc, 4 (1912)) そのものです．これは，ラマヌジャンがインドに居たときに数学会会員向けの問題として書いたものです．さらに，『ラマヌジャン全集』収録の論文 6 (1914 年出版) で詳しく扱っています．また，(3) はハーディへの最初の手紙 (1913 年 1 年 16 日付) に V (4) の式として載っています．これらは，より一般の形でラマヌジャン『ノート』に書き留めてあったものを特別な場合に披露したものでした．

(1)(2)(3) やその一般化もアイゼンシュタイン級数の話から簡単に導くことができます．ここでは，(2) を例にとって概略を見ておきましょう．(2) は，アイゼンシュタイン級数

$$E_6(z)=-\frac{1}{504}+\sum_{n=1}^{\infty}\sigma_5(n)e^{2\pi inz}$$

の保型性

$$E_6\left(-\frac{1}{z}\right)=z^6 E_6(z)$$

から出ますが，その前に記号の説明を少々．

まず，変数 z は上半平面

$$H=\{z\in\mathbb{C}\,|\,\mathrm{Im}(z)>0\}$$

を動きます．また，

$$\sigma_c(n)=\sum_{m|n}m^c$$

は n の約数の c 乗の和です．

さて，保型性

第 7 章 保型性の探求

$$E_6\left(-\frac{1}{z}\right) = z^6 E_6(z),$$

において $z=i$ とおきますと

$$E_6(i) = i^6 E_6(i),$$

つまり

$$E_6(i) = -E_6(i)$$

となります．したがって，

$$E_6(i) = 0$$

とわかります．ここで，

$$E_6(i) = -\frac{1}{504} + \sum_{n=1}^{\infty} \sigma_5(n) e^{-2\pi n}$$

ですので

$$\sum_{n=1}^{\infty} \sigma_5(n) e^{-2\pi n} = \frac{1}{504}$$

という等式を得ます．さらに

(☆) $$\sum_{n=1}^{\infty} \sigma_5(n) e^{-2\pi n} = \sum_{n=1}^{\infty} \frac{n^5}{e^{2\pi n}-1}$$

ということがわかれば，目的の

$$\sum_{n=1}^{\infty} \frac{n^5}{e^{2\pi n}-1} = \frac{1}{504}$$

に至ります．

等式 (☆) を示すのは簡単です．定義式

$$\sum_{n=1}^{\infty} \sigma_5(n) e^{-2\pi n} = \sum_{n=1}^{\infty} \sum_{m|n} m^5 e^{-2\pi n}$$

の右辺において，$n = ml$ とおいて変数 (m, n) を変数 (m, l) に変換します．すると

$$\sum_{n=1}^{\infty}\sum_{m\mid n} m^5 e^{-2\pi n} = \sum_{l=1}^{\infty}\sum_{m=1}^{\infty} m^5 e^{-2\pi ml}$$
$$= \sum_{m=1}^{\infty} m^5 \Bigl(\sum_{l=1}^{\infty} e^{-2\pi ml}\Bigr)$$
$$= \sum_{m=1}^{\infty} m^5 \frac{e^{-2\pi m}}{1-e^{-2\pi m}}$$
$$= \sum_{m=1}^{\infty} \frac{m^5}{e^{2\pi m}-1}$$

となります.

7.2 アイゼンシュタイン級数

ここでは,アイゼンシュタイン級数

$$E_k(z) = \frac{\zeta(1-k)}{2} + \sum_{n=1}^{\infty} \sigma_{k-1}(n) e^{2\pi i n z}$$

を考えます.この定義自体ですと,k は 0 以外の複素数で大丈夫です.ここで,$\zeta(1-k)$ はリーマンゼータ関数 $\zeta(s)$ の $s=1-k$ における値で,

$$\sigma_{k-1}(n) = \sum_{m\mid n} m^{k-1}$$

です.

古典的に考えられてきた場合は,k が 4 以上の偶数のときです.このとき,アイゼンシュタイン級数 $E_k(z)$ はモジュラー群

$$\Gamma = SL(2,\mathbb{Z}) = \left\{\begin{pmatrix} a & b \\ c & d \end{pmatrix} \,\middle|\, \begin{matrix} a,b,c,d \in \mathbb{Z} \\ ad-bc=1 \end{matrix} \right\}$$

に関する重さ k の保型形式になります.これは,保型性(変換公式)

$$f\left(\frac{az+b}{cz+d}\right)=(cz+d)^k f(z)$$

をすべての $\begin{pmatrix} a & b \\ c & d \end{pmatrix} \in \Gamma$ に対してみたす関数 $f(z)$ を指す,と思っていただければ結構です.保型形式の詳しい話や,この変換公式の証明(さらに(1)(2)(3)などについて)も

黒川信重・栗原将人・斎藤毅『数論II』岩波書店,2005年

の第9章と第11章を読んでください.ただし,そこでのアイゼンシュタイン級数は定数項を1にする正規化をしていますので,今回使っているものと定数倍違っています.

冒頭で示した(2)の証明の方針は次のように一般化されます.

定理 $k=6, 10, 14, \cdots$ を4で割ると2余る自然数とすると
$$\sum_{n=1}^{\infty} \frac{n^{k-1}}{e^{2\pi n}-1} = -\frac{\zeta(1-k)}{2} = \frac{B_k}{2k}$$
が成り立つ.ここで,B_k はベルヌイ数.

■ 証明 ■ アイゼンシュタイン級数
$$E_k(z) = \frac{\zeta(1-k)}{2} + \sum_{n=1}^{\infty} \sigma_{k-1}(n) e^{2\pi i n z}$$
$$= -\frac{B_k}{2k} + \sum_{n=1}^{\infty} \sigma_{k-1}(n) e^{2\pi i n z}$$

の保型性を
$$\begin{pmatrix} a & b \\ c & d \end{pmatrix} = \begin{pmatrix} 0 & -1 \\ 1 & 0 \end{pmatrix}$$
に対して用いると
$$E_k\left(-\frac{1}{z}\right) = z^k E_k(z)$$

が成立する．とくに，$z=i$ とすると
$$E_k(i) = i^k E_k(i)$$
となる．ここで，$k \equiv 2 \mod 4$ なので $i^k = -1$ となるので
$$E_k(i) = -E_k(i)$$
より
$$E_k(i) = 0$$
とわかる．したがって，
$$\frac{\zeta(1-k)}{2} + \sum_{n=1}^{\infty} \sigma_{k-1}(n) e^{-2\pi n} = 0$$
より
$$\sum_{n=1}^{\infty} \sigma_{k-1}(n) e^{-2\pi n} = -\frac{\zeta(1-k)}{2}$$
となる．また，
$$\sum_{n=1}^{\infty} \sigma_{k-1}(n) e^{-2\pi n} = \sum_{n=1}^{\infty} \Big(\sum_{m|n} m^{k-1}\Big) e^{-2\pi n}$$
$$= \sum_{m,l \geq 1} m^{k-1} e^{-2\pi m l}$$
$$= \sum_{m=1}^{\infty} \frac{m^{k-1}}{e^{2\pi m} - 1}$$
となるので定理が成り立つ．[証明終]

例1 $k=6$ のとき $B_6 = \dfrac{1}{42}$ より $\displaystyle\sum_{n=1}^{\infty} \dfrac{n^5}{e^{2\pi n} - 1} = \dfrac{1}{504}$ ．

[冒頭の (2) 式]

例2 $k=10$ のとき $B_{10} = \dfrac{5}{66}$ より $\displaystyle\sum_{n=1}^{\infty} \dfrac{n^9}{e^{2\pi n} - 1} = \dfrac{1}{264}$ ．

例3 $k=14$ のとき $B_{14}=\dfrac{7}{6}$ より $\displaystyle\sum_{n=1}^{\infty}\dfrac{n^{13}}{e^{2\pi n}-1}=\dfrac{1}{24}$.

[冒頭の (3) 式]

例4 $k=18$ のとき $B_{18}=\dfrac{43867}{798}$ より $\displaystyle\sum_{n=1}^{\infty}\dfrac{n^{17}}{e^{2\pi n}-1}=\dfrac{43867}{28728}$.

[43867 は素数]

さて，このように見てきますと，冒頭の (1) 式が出ていないことに気づきます．実は

$$E_2(z)=\dfrac{\zeta(-1)}{2}+\sum_{n=1}^{\infty}\sigma_1(n)e^{2\pi inz}$$

$$=-\dfrac{1}{24}+\sum_{n=1}^{\infty}\sigma(n)e^{2\pi inz}$$

($\sigma_1(n)$ は通常 $\sigma(n)$ と書きます) は，保型性がちょっと破れてます．詳しいことは先ほどの『数論II』を見てほしいのですが，必要なことだけ記しますと

$$E_2\!\left(-\dfrac{1}{z}\right)=z^2 E_2(z)-\dfrac{z}{4\pi i}$$

という変換公式になります．ここで，$z=i$ として

$$E_2(i)=i^2 E_2(i)-\dfrac{1}{4\pi}$$

から

$$E_2(i)=-\dfrac{1}{8\pi},$$

したがって

$$\sum_{n=1}^{\infty} \sigma(n) e^{-2\pi n} = \frac{1}{24} - \frac{1}{8\pi}$$

となります.あとは

$$\sum_{n=1}^{\infty} \sigma(n) e^{-2\pi n} = \sum_{n=1}^{\infty} \frac{n}{e^{2\pi n} - 1}$$

より冒頭の (1) 式を得ます.

ラマヌジャンは『ラマヌジャン全集』に収録の論文 6 "Modular equations and approximations to π" (Quarterly Journal of Math. 45 (1914) 350-372) において,$\alpha > 0$ に対して

(☆☆) $\quad \alpha \Big\{ 1 - 24 \Big(\dfrac{1}{e^{2\pi\sqrt{\alpha}} - 1} + \dfrac{2}{e^{4\pi\sqrt{\alpha}} - 1} + \cdots \Big) \Big\}$

$\qquad\qquad + \Big\{ 1 - 24 \Big(\dfrac{1}{e^{2\pi/\sqrt{\alpha}} - 1} + \dfrac{2}{e^{4\pi/\sqrt{\alpha}} - 1} + \cdots \Big) \Big\}$

$= \dfrac{6\sqrt{\alpha}}{\pi}$

が成立することを証明しています (論文の §8 の式 (18)).

これは $\alpha = 1$ とすると

$$1 - 24 \sum_{n=1}^{\infty} \frac{n}{e^{2\pi n} - 1} = \frac{3}{\pi},$$

つまり

$$\sum_{n=1}^{\infty} \frac{n}{e^{2\pi n} - 1} = \frac{1}{24} - \frac{1}{8\pi}$$

を導きます (論文の §10).この値

$$\frac{\pi - 3}{24\pi} = \frac{1}{e^{2\pi} - 1} + \frac{2}{e^{4\pi} - 1} + \frac{3}{e^{6\pi} - 1} + \cdots$$

は正ですので,日本の文科省の方針 $\pi = 3$ と違って,$\pi > 3$ もわかります.

なお,ここでは $E_2(z)$ の保型性を前面に出して (1) を導きま

したが，留数定理で直接示すこともできます．たとえば，最近のとてもわかりやすい記事

吉田知行「エレガントな証明 vs 良い証明」『数学セミナー』2014 年 4 月号，p.50-55

の例 2.2 を見てください．［この記事では，(1) 式を「ハーディ・ラマヌジャンによるといわれます」と注意されていますが，この点は次節で触れます．］

7.3 公式の起源

ここで，(1)(2)(3) などを数学史から見た起源について述べておきましょう．前節で説明しました通り，アイゼンシュタイン級数の保型性に気付けばすぐ出る公式ですのでいろいろな可能性があります．バーント『ラマヌジャン　ノートブック』の調査では，(1) は

- O.Schlömilch "Ueber einige unendliche Reihen"(Ber.Verh. K.Sachs.Gesell.Wiss.Leipzig **29** (1877) 101-105),
- A.Hurwitz "Grundlagen einer independenzen Theorie der elliptischen Modulfunktionen und Theorie der Multiplikator-Gleichungen erster Stufe"(Math.Ann. **18** (1881) 528-592)

あたりが最初です．フルビッツ (後者) はラマヌジャンの変換公式 (☆☆) も出しています．

(2)(3) は

J.W.L.Glaisher "On the series which represent the twelve elliptic and the four zeta functions"(Mess.Math. **18** (1889)

1-84)

があげられます.

一方,ラマヌジャンが数学史上はじめて得たと思われる式としては, $k=4,8,10$ などのときに成り立つ

$$\sum_{n=1}^{\infty}\frac{(-1)^{n-1}n^{k-1}}{e^{\sqrt{3}\pi n}+(-1)^{n-1}}=-\frac{B_k}{2k}$$

という公式があります.これは,$\begin{pmatrix} a & b \\ c & d \end{pmatrix}=\begin{pmatrix} 0 & -1 \\ 1 & 1 \end{pmatrix}$ に対する保型性

$$E_k\left(\frac{-1}{z+1}\right)=(z+1)^k E_k(z)$$

において $z=\dfrac{-1+\sqrt{3}\,i}{2}$ とすると

$$E_k\left(\frac{-1+\sqrt{3}\,i}{2}\right)=\left(\frac{1+\sqrt{3}\,i}{2}\right)^k E_k\left(\frac{-1+\sqrt{3}\,i}{2}\right)$$

となりわかります(『数論II』問題 9.4 参照).

7.4 ゼータの構成

ラマヌジャンの特筆すべきところは,保型形式からゼータを考えたところです.それは,保型形式

$$f(z)=a(0)+\sum_{n=1}^{\infty}a(n)e^{2\pi inz}$$

からゼータ

$$L(s,f)=\sum_{n=1}^{\infty}a(n)n^{-s}$$

を構成したことです.

たとえば,

$$L(s, E_k) = \sum_{n=1}^{\infty} \sigma_{k-1}(n) n^{-s}$$

です．このゼータについては「ゼータの積構造の発見」のところで解説しましたが，

$$L(s, E_k) = \zeta(s)\zeta(s-k+1)$$

となります．また，その際に証明しておいたラマヌジャンの等式(『ラマヌジャン全集』論文 17) は

$$L(s, E_k \otimes E_l) = \sum_{n=1}^{\infty} \sigma_{k-1}(n)\sigma_{l-1}(n) n^{-s}$$
$$= \frac{\zeta(s)\zeta(s-k+1)\zeta(s-l+1)\zeta(s-k-l+2)}{\zeta(2s-k-l+2)}$$

と書くことができます．

ラマヌジャンは，より一般の保型形式に対しても対応するゼータを考察しています．とりわけ有名なのは『ラマヌジャン全集』論文 18

"On certain arithmetical functions" (Transactions of the Cambridge Philosophical Society 22 (1916) 159-184)

です．そこでは，ラマヌジャンの Δ 関数と呼ばれる

$$\Delta(z) = e^{2\pi i z} \prod_{n=1}^{\infty} (1 - e^{2\pi i n z})^{24}$$
$$= \sum_{n=1}^{\infty} \tau(n) e^{2\pi i n z}$$

に対するゼータ

$$L(s, \Delta) = \sum_{n=1}^{\infty} \tau(n) n^{-s}$$

が考察されています．とくに，オイラー積

$$L(s, \Delta) = \prod_{p:\text{素数}} (1-\tau(p)p^{-s}+p^{11-2s})^{-1}$$

の存在が予想されています.

このオイラー積の予想は，ラマヌジャンの論文が出版された翌年の

L.J.Mordell "On Mr Ramanujan's empirical expansions of modular functions" (Proc.Camb.Phil. Soc. 19 (1917) 117-124)

において証明されました．詳しくは『数論II』の第9章を見てください：各素数 p に対して，モーデル作用素 $T(p)$ を

$$(T(p)\Delta)(z) = \frac{1}{p}\sum_{l=0}^{p-1} \Delta\left(\frac{z+l}{p}\right) + p^{11}\Delta(pz)$$

と構成したとき

$$T(p)\Delta = \tau(p)\Delta$$

となることからオイラー積が示されます．このモーデル作用素 $T(p)$ は後にヘッケが1937年の論文で用いて有名にしたせいか，間違って"ヘッケ作用素"と呼ばれるようになって現在に至っています．"ヘッケ作用素"だけでなく，名前の付いている数学用語に間違っているものが，とても多いのは驚くべきことで，例に事欠きません．名前を付けること自体が数学において不当とのグロタンディークの指摘もありますが，せめて名付するなら起源くらい良く調べたいものです．

一つだけ，数論において有名なものをあげますと，"チャウラ・セルバーグ (Chowla-Selberg) の公式"(1949年, 1967年) と間違って呼ばれているものはレルヒ (Lerch) の1897年の論文にあるものです．マーダヴァ級数 (1400年)

$$1 - \frac{1}{3} + \frac{1}{5} - \frac{1}{7} + \cdots = \frac{\pi}{4}$$

がいつまでもライプニッツ級数(1870年)やグレゴリー級数(1870年代)と間違って呼ばれ続けられていることに似ています．

さて，このようにしてオイラー積表示

$$L(s, \Delta) = \prod_p L_p(s, \Delta),$$

$$L_p(s, \Delta) = \frac{1}{1 - \tau(p)p^{-s} + p^{11-2s}}$$

が1917年に証明されたわけですが，ラマヌジャンの1916年の論文の最大の予想である

ラマヌジャン予想(1916年)

全ての素数 p に対して

$$|\tau(p)| \leq 2p^{\frac{11}{2}}$$

が成立する．

つまり，$\tau(p) = 2p^{\frac{11}{2}} \cos(\theta_p)$, $0 \leq \theta_p \leq \pi$ と書ける．

は極めて困難な問題であることが次第に明らかになって行きました．その最終的な解決は1974年のドリーニュの論文

P.Deligne "La conjecture de Weil I" (IHES Publ.Math. 43 (1974) 273-307)

まで60年近く待たねばなりませんでした．証明にはグロタンディークによる代数幾何学の革新という巨大な仕事が重要でしたが，核心は

(A) $L_p(s, \Delta) = $ [合同ゼータ]

(B) 合同ゼータはリーマン予想をみたす

という2つの部分から成り立っています．

この「リーマン予想」がどういう意味かは

ラマヌジャン予想の言い換え

すべての素数 p に対して，$L_p(s, \Delta)$ の極は $\mathrm{Re}(s) = \dfrac{11}{2}$ 上に乗っている．

から推察できるでしょう．

ここで，合同ゼータとは

H.Kornblum "Über die Primfunktionen in einer arithmetischen Progression" (Math. Zeitschrift **5** (1919) 100-111)

が研究を開始したものです．ただし，『数学辞典』等でコルンブルム (Heinrich Kornblum, 1890年8月23日-1914年10月) の名前を見かけることは，まず無いでしょう．その事情は

黒川信重「類似の魅力」『数学セミナー』1990年9月号
[黒川 編『ゼータ研究所だより』日本評論社, 2002年に再録]

を読んで欲しいのですが，基本的に，有名なアルチンの学位論文

E.Artin "Quadratische Körper in Gebiet der höheren Kongruenzen" (Math.Zeitschrift **19** (1924) 153-246) [『アルチン全集』p.1-94に再録]

に消されてしまっているのです．

ただし，コルンブルムもアルチンもドイツに居た学生でしたし，何より，論文が同じ雑誌に5年後に出ているので知っている人は良く知っている秘密でした．その後，アルチンは大数学者になり，一層，合同ゼータと言えばアルチンが始めたという風になってしまいました．それが間違いなことはアルチンの論文のタイトルを見れば一目瞭然です．何故，合同ゼータの"最初の論文"が「2次体 (Quadratische Körper)」の場合なのでしょう．それは，コルンブルムの論文で「1次体 (有理関数体)」が済んでいるからです．コルンブルムは有限体係数の有理関数体の場合に「ディリクレの素数定理」(算術級数素数定理) の対応物を証明したのです．そのために，コルンブルムは有理関数体に対してディリクレ L 関数 $L(s,\chi)$ を構成し，$L(1,\chi)\neq 0$ を示して，目的の結果を導いています．完璧な論文です．

今はアルチンを責めるのが趣意ではありません．注意深く読むとアルチンの論文にはコルンブルムが研究したということが4ヶ所で触れられています．その頃の習慣からか，アルチンの論文にはコルンブルムの論文のタイトルは記されていず，印象に残る書き方はされていません．現在ならきっと問題にされるでしょう．

ところで，コルンブルムの論文 (1919年) はアルチンの論文 (1924年) の5年前ですが，実際は10年前の1914年には完成しています．コルンブルムはゲッチンゲン大学の学生だった1914年に第1次世界大戦に志願し，1914年10月に戦死しているのです．ラマヌジャンはその頃，イギリスのケンブリッジでおびただしい数の負傷兵の近く，戦時下の苦しい生活をしていたことが思い出されます．コルンブルムの論文はゲッチンゲン大学の学位論文になるはずでしたが，1919年に指導者のランダウが校正を行っ

て出版されました．現在，論文は『ランダウ全集』に収録されています．

ラマヌジャン予想が発表された 1916 年には，コルンブルムは既にこの世には居なかったのですが，そのコルンブルムの考え出した合同ゼータが 1974 年にラマヌジャン予想の解決へと導いたのです．

> **問題**
>
> k が 4 以上の偶数のとき
> $$L(s, E_k) = \zeta(s)\zeta(s-k+1)$$
> の完備ゼータを
> $$\hat{L}(s, E_k) = \Gamma_{\mathbb{C}}(s)L(s, E_k),$$
> $$\Gamma_{\mathbb{C}}(s) = 2(2\pi)^{-s}\Gamma(s)$$
> としたとき，関数等式
> $$\hat{L}(s, E_k) = (-1)^{\frac{k}{2}}\hat{L}(k-s, E_k)$$
> を示しなさい．ただし，完備リーマンゼータ
> $$\hat{\zeta}(s) = \Gamma_{\mathbb{R}}(s)\zeta(s),$$
> $$\Gamma_{\mathbb{R}}(s) = \pi^{-\frac{s}{2}}\Gamma\left(\frac{s}{2}\right)$$
> の関数等式
> $$\hat{\zeta}(s) = \hat{\zeta}(1-s)$$
> は既知とします．

解答

$$A(s) = \Gamma_{\mathbb{R}}(s)\Gamma_{\mathbb{R}}(s-k+1)L(s, E_k)$$

とおくと

$$A(s) = \Gamma_{\mathbb{R}}(s)\zeta(s) \cdot \Gamma_{\mathbb{R}}(s-k+1)\zeta(s-k+1)$$
$$= \hat{\zeta}(s)\hat{\zeta}(s-k+1)$$

なので，$\hat{\zeta}(s)$ の関数等式を用いることにより

$$A(k-s) = \hat{\zeta}(k-s)\hat{\zeta}(1-s)$$
$$= \hat{\zeta}(1-(k-s))\hat{\zeta}(1-(1-s))$$
$$= \hat{\zeta}(s-k+1)\hat{\zeta}(s)$$
$$= A(s)$$

となることがわかる．次に

$$B(s) = \frac{\hat{L}(s, E_k)}{A(s)}$$
$$= \frac{\Gamma_{\mathbb{C}}(s)\, L(s, E_k)}{\Gamma_{\mathbb{R}}(s)\, \Gamma_{\mathbb{R}}(s-k+1) L(s, E_k)}$$
$$= \frac{\Gamma_{\mathbb{C}}(s)}{\Gamma_{\mathbb{R}}(s)\, \Gamma_{\mathbb{R}}(s-k+1)}$$

を考えると，ガンマ関数の 2 倍角の公式より

$$\Gamma_{\mathbb{C}}(s) = \Gamma_{\mathbb{R}}(s)\, \Gamma_{\mathbb{R}}(s+1)$$

となっているので

$$B(s) = \frac{\Gamma_{\mathbb{R}}(s)\, \Gamma_{\mathbb{R}}(s+1)}{\Gamma_{\mathbb{R}}(s)\, \Gamma_{\mathbb{R}}(s-k+1)}$$
$$= \pi^{-\frac{k}{2}} \frac{\Gamma(\frac{s+1}{2})}{\Gamma(\frac{s-k+1}{2})}$$

となる．ここで，ガンマ関数の漸化式より

$$\Gamma\left(\frac{s+1}{2}\right) = \frac{s-1}{2} \cdot \frac{s-3}{2} \cdots \cdots \frac{s-k+1}{2} \cdot \Gamma\left(\frac{s-k+1}{2}\right)$$

であるので

$$B(s) = \pi^{-\frac{k}{2}} \cdot \frac{s-1}{2} \cdot \frac{s-3}{2} \cdot \ldots \cdot \frac{s-k+1}{2}.$$

よって

$$B(k-s) = (-1)^{\frac{k}{2}} B(s).$$

したがって

$$\hat{L}(s, E_k) = A(s)B(s)$$

に対して

$$\begin{aligned}\hat{L}(k-s, E_k) &= A(k-s) \cdot B(k-s) \\ &= A(s) \cdot (-1)^{\frac{k}{2}} B(s) \\ &= (-1)^{\frac{k}{2}} \hat{L}(s, E_k)\end{aligned}$$

となって証明された．

解答終

　ここでは $\zeta(s)$ の結果を使いましたが，$E_k(z)$ の保型性を直接に使って $L(s, E_k)$ の関数等式を示すことができます．そして，それはラマヌジャンが開いた保型ゼータという広大な領域の豊かさの表れなのです―そこに，フェルマー予想や佐藤テイト予想の証明の鍵がありました―が，別項にしましょう．

第8章 絶対リーマン予想

　ラマヌジャンがリーマン予想をどの程度考えていたかは，闇にとざされています．とくに，ケンブリッジ大学にラマヌジャンを受け入れたハーディの「ラマヌジャンは複素関数論も解析接続もリーマンゼータの虚の零点も知らなかった」という趣旨の，あまりにも有名となってしまった記述に掻き消されてしまっています．本書では，ハーディの言に反して，ラマヌジャンがリーマンゼータの解析接続の新表示を得ていたことも紹介します（第11章）が，その前にラマヌジャンがラマヌジャン予想に見ていたリーマン予想を解説します．

8.1 ラマヌジャン予想とリーマン予想

　ラマヌジャンは1916年の論文（『ラマヌジャン全集』論文18）において，ラマヌジャン予想を提出しました．それは

$$\Delta(z) = e^{2\pi i z} \prod_{n=1}^{\infty} (1 - e^{2\pi i n z})^{24}$$
$$= \sum_{n=1}^{\infty} \tau(n) e^{2\pi i n z}$$

という展開係数として得られる整数 $\tau(n)$ に関する予想でした：

(A) ラマヌジャン予想

素数 p に対して
$$\tau(p) = 2p^{\frac{11}{2}}\cos(\theta_p) \quad (p = 2, 3, 5, 7, \cdots)$$
となる $0 \leq \theta_p \leq \pi$ が存在する．

念のために注意しますと，この θ_p は記号もラマヌジャンの論文のままです．ただし，普通は，ラマヌジャン予想は次の形に書かれます：

(B) ラマヌジャン予想

素数 p に対して
$$|\tau(p)| \leq 2p^{\frac{11}{2}} \quad (p = 2, 3, 5, 7, \cdots).$$

さらに，ラマヌジャンは，より一般の形にも書いています：

(B*) ラマヌジャン予想

自然数 n に対して
$$|\tau(n)| \leq d(n)n^{\frac{11}{2}} \quad (n = 1, 2, 3, \cdots).$$

ここで，$d(n)$ は n の約数の個数です．

これらの定式化の同値性は，後程，見ることにしますが，こ

こで注目しておきたいのは，ゼータからの視点です．ラマヌジャンにとっては，ラマヌジャンゼータ

$$L(s, \Delta) = \sum_{n=1}^{\infty} \tau(n) n^{-s}$$

が大事なものでした．ラマヌジャンはオイラー積表示

$$L(s, \Delta) = \prod_{p:素数} L_p(s, \Delta),$$

$$L_p(s, \Delta) = \frac{1}{1 - \tau(p) p^{-s} + p^{11-2s}}$$

を予想しました．これは，ラマヌジャンが予想を提出した翌1917年にモーデルが証明しました．

ラマヌジャンは論文にて，このオイラー積表示を成立するものとして使っていますので，この解説でもそうします．なお，ラマヌジャンのオイラー積表示は

$$\begin{cases} (1) \ \tau(n) \text{ は乗法的 } (m \text{ と } n \text{ が互いに素なら} \\ \qquad\qquad \tau(mn) = \tau(m)\tau(n)), \\ (2) \ 素数 \ p \ における漸化式 \\ \qquad \tau(p^{k+1}) = \tau(p)\tau(p^k) - p^{11}\tau(p^{k-1}) \end{cases}$$

という2つの関係式と同値な内容です．証明まで込めて詳しくは

　黒川信重・栗原将人・斎藤毅『数論II』

　岩波書店，2005年

の第9章を見てください．

さて，このオイラー因子 $L_p(s, \Delta)$ を用いると，ラマヌジャン予想は次のようになります：

(C) ラマヌジャン予想

$L_p(s, \Delta)$ はリーマン予想をみたす．
すなわち

$$L_p(s, \Delta) = \infty \quad \text{なら} \quad \text{Re}(s) = \frac{11}{2}.$$

ここで，$\text{Re}(s) = \frac{11}{2}$ という直線は $L_p(s, \Delta)$ に対する関数等式 $s \longleftrightarrow 11-s$ $L_p(11-s, \Delta) = L_p(s, \Delta)p^{11-2s}$ の中心線となっています．その上に $L_p(s, \Delta)$ の極がすべて乗っている，というのが $L_p(s, \Delta)$ のリーマン予想です．

リーマンゼータ $\zeta(s)$ のときには，関数等式 $s \longleftrightarrow 1-s$ の中心線 $\text{Re}(s) = \frac{1}{2}$ 上にすべて虚の零点が乗っているというのが通常のリーマン予想でした．一般のゼータのリーマン予想はゼータの極や零点の実部がすべて

$$\frac{1}{2}\mathbb{Z} = \left\{0, \pm\frac{1}{2}, \pm 1, \pm\frac{3}{2}, \pm 2, \cdots\right\}$$

に入っているという形になりますが，$L_p(s, \Delta)$ には零点はなく極だけの話になります．

このようにして，ラマヌジャン予想はリーマン予想の仲間であることが明確になるのです．

8.2 (A) と (B) の同値性

(A) と (B) の同値性は，何も言う必要はないかも知れませんが，一言だけ．(B) の形から出発しますと

$$|\tau(p)| \leq 2p^{\frac{11}{2}} \iff \left|\frac{\tau(p)}{2p^{\frac{11}{2}}}\right| \leq 1$$

$$\iff \frac{\tau(p)}{2p^{\frac{11}{2}}} = \cos(\theta_p)$$

となる $0 \leq \theta_p \leq \pi$ が (ただ一つ) 存在

$$\iff \tau(p) = 2p^{\frac{11}{2}}\cos(\theta_p)$$

となって (A) の形を得ます.

8.3 (A) と (C) の同値性

■ (A) ⇒ (C) の証明 ■

$$\tau(p) = 2p^{\frac{11}{2}}\cos(\theta_p)$$

とすると

$$\begin{aligned}L_p(s, \Delta)^{-1} &= 1 - \tau(p)p^{-s} + p^{11-2s} \\ &= 1 - 2p^{\frac{11}{2}-s}\cos(\theta_p) + p^{11-2s} \\ &= (1 - e^{i\theta_p}p^{\frac{11}{2}-s})(1 - e^{-i\theta_p}p^{\frac{11}{2}-s})\end{aligned}$$

となります. ここで

$$2\cos(\theta_p) = e^{i\theta_p} + e^{-i\theta_p}$$

を用いました.

すると,

$$L_p(s, \Delta) = \infty \iff L_p(s, \Delta)^{-1} = 0$$

$$\iff p^{s-\frac{11}{2}} = e^{\pm i\theta_p}$$

$$\iff s - \frac{11}{2} = i\frac{\pm\theta_p + 2\pi m}{\log p} \quad (m \in \mathbb{Z})$$

$$\iff s = \frac{11}{2} + i\frac{\pm\theta_p + 2\pi m}{\log p} \quad (m \in \mathbb{Z})$$

となり,とくに
$$L_p(s, \Delta) = \infty \Longrightarrow \mathrm{Re}(s) = \frac{11}{2}$$
とわかります.これで (A) ⇒ (C) が言えました.

ここで,ラマヌジャンの θ_p を導入することによって $L_p(s, \Delta)$ の極の明示式が得られているのが特筆すべきことです.

▗ (C) ⇒ (A) の証明 ▝

ここでは,ラマヌジャン (論文 18 の第 18 節) にならって
$$\tau(p) = 2p^{\frac{11}{2}}\cos(\theta_p)$$
という $\theta_p \in \mathbb{C}$ を導入しましょう.記号は前と同じ θ_p ですが,今はラマヌジャン予想は,もちろん仮定していませんので θ_p は実数とは限りません.

そのような θ_p が取れることは
$$\{\cos\theta \,|\, \theta \in \mathbb{C}\} = \mathbb{C}$$
となっていることからです.また,θ_p が実数に取れるかどうかは
$$\{\cos\theta \,|\, \theta \in \mathbb{R}\} = [-1, 1]$$
から判定できます.さて,
$$\{\cos\theta \,|\, \theta \in \mathbb{C}\} = \mathbb{C}$$
を確認しておきましょう.そのためには,複素数 α に対して
$$\cos\theta = \alpha$$
となる複素数 θ を選べば良いわけですので,
$$e^{i\theta} + e^{-i\theta} = 2\alpha$$
を解きます.つまり,$e^{i\theta}$ の 2 次方程式
$$(e^{i\theta})^2 - 2\alpha e^{i\theta} + 1 = 0$$

を解くわけです．すると
$$(e^{i\theta})^2 - 2\alpha e^{i\theta} + 1 = 0$$
より
$$e^{i\theta} = \alpha \pm \sqrt{\alpha^2 - 1},$$
$$\theta = \frac{\log(\alpha \pm \sqrt{\alpha^2 - 1})}{i}$$
となります．なお，対数は多価関数です．

このようにして，
$$\theta_p = \frac{\log(2^{-1}p^{-\frac{11}{2}}\tau(p) \pm \sqrt{4^{-1}p^{-11}\tau(p)^2 - 1})}{i}$$
と取れば
$$\tau(p) = 2p^{\frac{11}{2}}\cos(\theta_p)$$
となることがわかりました．

すると，
$$\begin{aligned}L_p(s, \Delta)^{-1} &= 1 - 2p^{\frac{11}{2}}\cos(\theta_p)p^{-s} + p^{11-2s} \\ &= (1 - e^{i\theta_p}p^{\frac{11}{2}-s})(1 - e^{-i\theta_p}p^{\frac{11}{2}-s})\end{aligned}$$
ですので，
$$L_p(s, \Delta) = \infty \Longleftrightarrow s = \frac{11}{2} + i\frac{2\pi m}{\log p} \pm i\frac{\theta_p}{\log p} \quad (m \in \mathbb{Z})$$
となります．したがって，これらの極が
$$\mathrm{Re}(s) = \frac{11}{2}$$
をみたすための必要充分条件は θ_p が
$$\mathrm{Im}(\theta_p) = 0,$$
つまり，θ_p が実数に選べることです．このようにして (C) ⇒ (A) がわかりました．

8.4 (B) と (B*) の同値性

(B) は (B*) の特別の場合になっていますので (B*) ⇒ (B) です．以下，(B) ⇒ (B*) を示すことにしましょう．既に，(A) ⇔ (B) は証明済ですので，(A) ⇒ (B*) を示せば充分です．

いま
$$\tau(p) = 2p^{\frac{11}{2}}\cos(\theta_p)$$
となる $0 \leqq \theta_p \leqq \pi$ を取ってきます．ただし，$0 < \theta_p < \pi$ であることに注意しておきます．それは，$\theta_p = 0, \pi$ だったとすると
$$\tau(p) = \pm 2p^{\frac{11}{2}}$$
となり，$\tau(p)$ が整数となることに矛盾するからです．

ラマヌジャンは，次のように (B*) を示しています．素因数分解表示
$$n = \prod_{p:\text{素数}} p^{\text{ord}_p(n)}$$
から (乗法性と $\tau(p^k)$ の漸化式を用いて)
$$\tau(n) \stackrel{\star}{=} \prod_p \tau(p^{\text{ord}_p(n)})$$
$$\stackrel{\star\star}{=} \prod_p p^{\frac{11}{2}\text{ord}_p(n)} \frac{\sin((\text{ord}_p(n)+1)\theta_p)}{\sin(\theta_p)}$$
$$= n^{\frac{11}{2}} \prod_p \frac{\sin((\text{ord}_p(n)+1)\theta_p)}{\sin(\theta_p)}$$

となります．ここで，☆は乗法性，☆☆は漸化式から来ます．漸化式
$$\begin{cases} \tau(p^{k+1}) = \tau(p)\tau(p^k) - p^{11}\tau(p^{k-1}) \quad (k=1,2,3,\cdots) \\ \tau(1) = 1, \\ \tau(p) = 2p^{\frac{11}{2}}\cos(\theta_p) \end{cases}$$

は

$$\tau(p^k) = p^{\frac{11}{2}k} \frac{\sin((k+1)\theta_p)}{\sin(\theta_p)} \ (k=0,1,2,\cdots)$$

を示しているので,確かめてください.実質は関係式

$$\sin((k+2)\theta) = 2\cos\theta \sin((k+1)\theta) - \sin(k\theta)$$

です(『数論II』第9章参照).

このようにして,$m = 1,2,3,\cdots$ に対する簡単な不等式

$$\left|\frac{\sin(m\theta_p)}{\sin(\theta_p)}\right| \leqq m$$

を用いることにより

$$\begin{aligned}|\tau(n)| &= n^{\frac{11}{2}} \prod_p \left|\frac{\sin((\mathrm{ord}_p(n)+1)\theta_p)}{\sin(\theta_p)}\right| \\ &\leqq n^{\frac{11}{2}} \prod_p (\mathrm{ord}_p(n)+1) \\ &= n^{\frac{11}{2}} d(n)\end{aligned}$$

となります.これが (B*) ですので,(B)(B*) が証明されました.

8.5 ラマヌジャン予想の証明法

ラマヌジャン予想は合同ゼータ関数のリーマン予想に帰着されて証明されました.ラマヌジャン予想が提出された1916年から58年後,1974年のドリーニュの論文で証明は完成しました.それは,ラマヌジャン予想の (C) 版—リーマン予想版—を示す方法です.ドリーニュによる証明—今までのところ,他の方法は知られていません—は複雑で高度な手法ですので,ここでは,ラマヌジャン予想の証明に特化させて,どのように進むのかだけを見ておきましょう.

便利のため
$$L_p(s, \Delta) = \frac{1}{(1-\alpha(p)p^{-s})(1-\beta(p)p^{-s})}$$
と因数分解しておきます：
$$\begin{cases} \alpha(p) = p^{\frac{11}{2}} e^{i\theta_p} \\ \beta(p) = p^{\frac{11}{2}} e^{-i\theta_p} \end{cases}$$
と考えておきます（この時点では $\theta_p \in \mathbb{C}$ です）．ラマヌジャン予想の (C) 版とは
$$『|\alpha(p)| = |\beta(p)| = p^{\frac{11}{2}}』$$
と書けます．ドリーニュが示す要点は次の不等式です：

ドリーニュの不等式

$$p^{\frac{11m-1}{2}} \leq |\alpha(p)^m|, \ |\beta(p)^m| \leq p^{\frac{11m+1}{2}} \quad (m = 1, 2, 3, \cdots)$$

たとえば，$m = 1$ のときは
$$p^5 \leq |\alpha(p)|, \ |\beta(p)| \leq p^6$$
ですので，ラマヌジャン予想
$$|\alpha(p)| = |\beta(p)| = p^{\frac{11}{2}}$$
よりは，ずっと弱い結果です．なお，リーマンゼータ $\zeta(s)$ の場合に対応する結果は，オイラー積と関数等式からわかる
$$0 \leq \mathrm{Re}(s) \leq 1$$
という，リーマン予想 $\mathrm{Re}(s) = \frac{1}{2}$ よりはずっとやさしい結果です．

このドリーニュの不等式は，$m = 1, 2, 3, \cdots$ と無限に連なって

いるところがミソで，実は

$$\text{ドリーニュの不等式} \Longleftrightarrow \text{ラマヌジャン予想}$$

となります．まず $\Longleftarrow$ は

$$|\alpha(p)^m| = |\beta(p)^m| = p^{\frac{11m}{2}}$$

となるので成立です．次に，$\Longrightarrow$ は，ドリーニュの不等式の m 乗根をとって

$$p^{\frac{11m-1}{2m}} \leqq |\alpha(p)|, \ |\beta(p)| \leqq p^{\frac{11m+1}{2m}} \quad (m = 1, 2, 3, \cdots)$$

となります．そこで，$m \to \infty$ としてみると

$$|\alpha(p)| = |\beta(p)| = p^{\frac{11}{2}}$$

とわかります．つまり，各 m の段階ではラマヌジャン予想よりずっと弱い結果を示しているのですが，すべての m に対して一斉に使うことによりラマヌジャン予想と同値な強い結果になるというものです（論理的には，成立する m が無限個あればよい）．

そして，この『m 乗を作り出す操作』がラマヌジャンが発見したオイラー積をもつ積構造

$$\sum_{n=1}^{\infty} \tau(n)^m n^{-s}$$

を考えることに対応しているのですが，それについては次章で説明します．

ただし，

$$\sum_{n=1}^{\infty} \tau(n)^m n^{-s}$$

は $m \geqq 3$ のとき自然境界をもち全平面に解析接続不可能な関数（黒川の定理）なので，技術的に難しくなります．ドリーニュ（1974年）のラマヌジャン予想・合同ゼータのリーマン予想の証明の段階では，有限体 $\mathbb{F}_p$ 上の場合にその対応物を考えて処理しま

した．40 年近く後のテイラーたち (2011 年) による佐藤テイト予想の場合には

$$\sum_{n=1}^{\infty} \tau(n)^m n^{-s}$$

のオイラー積の分母をうまく取り出して得られる対称積ゼータ

$$L^m(s, \Delta) = \prod_p L_p^m(s, \Delta)$$

$$L_p^m(s, \Delta) = \frac{1}{(1-\alpha(p)^m p^{-s})(1-\alpha(p)^{m-1}\beta(p)p^{-s})\cdots(1-\beta(p)^m p^{-s})}$$

の解析性を $m = 1, 2, 3, \cdots$ に対して考えることにより証明が完成しました．20 世紀と 21 世紀を結ぶ偉大な成果です．ちなみに

$$L_p^1(s, \Delta) = \frac{1}{1 - \tau(p)p^{-s} + p^{11-2s}},$$

$$L_p^2(s, \Delta) = \frac{1}{1 - \tau(p^2)p^{-s} + \tau(p^2)p^{11-2s} - p^{33-2s}}$$

$$L_p^3(s, \Delta) = \frac{1}{1 - \tau(p^3)p^{-s} + (\tau(p^4) + p^{22})p^{11-2s} - \tau(p^3)p^{33-3s} + p^{66-4s}}$$

です．

8.6 ラマヌジャン予想の来たところ

このように見てきますと，ラマヌジャン予想の根拠は絶対リーマン予想だ，と思えます．もちろん，ラマヌジャンはいろいろと思い廻らしていたようです．その一端は Δ の類似物に対するラマヌジャン予想の研究です．とくに，24 の約数

$$m = 1, 2, 3, 4, 6, 8, 12, 24$$

に対して

$$F_m(z) = e^{2\pi i z} \prod_{n=1}^{\infty} (1 - e^{\frac{48\pi i n z}{m}})^m$$

$$= \Delta\left(\frac{24}{m}z\right)^{\frac{m}{24}}$$

$$= \sum_{n=1}^{\infty} \psi_m(n) e^{2\pi i n z}$$

の展開係数 $\psi_m(n)$ に関する調査です (記号 $\psi_m(n)$ はラマヌジャンの論文のままです).ここで,$m=24$ のときが

$$\begin{cases} F_{24}(z) = \Delta(z), \\ \psi_{24}(n) = \tau(n) \end{cases}$$

を与えています.

もう一つは,n を m 個の平方数和に表示する方法の数 $r_m(n)$ の表示に表れる係数 $e_m(n)$ の研究です.これは重さ $\frac{m}{2}$ の保型形式

$$\vartheta(z)^m = \left(\sum_{n=-\infty}^{\infty} e^{\pi i n^2 z}\right)^m$$

$$= \sum_{n=0}^{\infty} r_m(n) e^{\pi i n z}$$

からアイゼンシュタイン級数の部分を差し引いたカスプ形式のフーリエ係数 $e_m(n)$ になっています.$m=24$ のときには

$$e_{24}(n) = \frac{64}{691}\left\{(-1)^{n-1} 259 \tau(n) - 512 \tau\left(\frac{n}{2}\right)\right\}$$

となり Δ に関連してきます.

ラマヌジャンは $\psi_m(n)$ について具体的な計算を書いていますので少し紹介しましょう.ラマヌジャンの問題に対する考え方が垣間見えるでしょう.以下では $q = e^{2\pi i z}$ という略記を使います.

$m=1$ (重さ $\frac{1}{2}$)

$$F_1(z) = q^{1^2} - q^{5^2} - q^{7^2} + q^{11^2} + q^{13^2} - q^{17^2} - \cdots$$

$$L(s, F_1) = \sum_{n=1}^{\infty} \psi_1(n) n^{-s}$$

$$= \prod_{p \equiv \pm 1 \bmod 12} (1 - p^{-2s})^{-1} \times \prod_{p \equiv \pm 5 \bmod 12} (1 + p^{-2s})^{-1}$$

となり,これから

『ラマヌジャン予想: $|\psi_1(n)| \leq 1$』

が成立することがわかる.

$m=3$ (重さ $\frac{3}{2}$)

$$F_3(z) = q^{1^2} - 3q^{3^2} + 5q^{5^2} - 7q^{7^2} + \cdots,$$

$$L(s, F_3) = \sum_{n=1}^{\infty} \psi_3(n) n^{-s}$$

$$= \prod_{p \equiv 1 \bmod 4} (1 - p^{1-2s})^{-1} \times \prod_{p \equiv -1 \bmod 4} (1 + p^{1-2s})^{-1}$$

となり

『ラマヌジャン予想: $|\psi_3(n)| \leq \sqrt{n}$』

が成立することがわかる.

$m=2$ (重さ 1)

$$L(s, F_2) = \sum_{n=1}^{\infty} \psi_2(n) n^{-s}$$

$$= \prod_{p \equiv 5 \bmod 12} (1 + p^{-2s})^{-1} \times \prod_{p \equiv 7, 11 \bmod 12} (1 - p^{-2s})^{-1}$$

$$\times \prod_{\substack{p \equiv 1 \bmod 12 \\ p = a^2 + (6b-3)^2 \\ a, b \text{ は自然数}}} (1 + p^{-s})^{-2} \times \prod_{\substack{p \equiv 1 \bmod 12 \\ p = a^2 + (6b)^2 \\ a, b \text{ は自然数}}} (1 - p^{-s})^{-2}$$

より

『ラマヌジャン予想：$|\psi_2(n)| \leq d(n)$』

が成立することがわかる．

$m=6$ （重さ3）

$$\begin{aligned} L(s, F_6) &= \sum_{n=1}^{\infty} \psi_6(n) n^{-s} \\ &= \prod_{p \equiv -1 \bmod 4} (1-p^{2-2s})^{-1} \\ &\quad \times \prod_{p \equiv 1 \bmod 4} (1-2c(p)p^{-s}+p^{2-2s})^{-1}. \end{aligned}$$

ここで，$p \equiv 1 \bmod 4$ に対して $p = a^2+(2b)^2$ なる自然数をとり（唯一組）

$$c(p) = a^2-(2b)^2$$

と定める．このとき

『ラマヌジャン予想：$|\psi_6(n)| \leq nd(n)$』

をチェックしている．

> **問題**
>
> $\cos\theta = 3, i$ となる θ をそれぞれ一つ求めよ．

解答

$\cos\theta = \alpha$ の解としては，既に計算した通り
$$\theta = -i\cdot\log(\alpha+\sqrt{\alpha^2-1})$$
がとれる．したがって，$\alpha = 3, i$ に対する解の一つは
$$\theta = -i\cdot\log(3+2\sqrt{2}),$$
$$\theta = -i\cdot\log(1+\sqrt{2}) + \frac{\pi}{2}.$$

検算は
$$\cos\theta = \frac{e^{i\theta}+e^{-i\theta}}{2}$$
に代入してみると容易である．

解答終

第9章 保型性の展開

ラマヌジャンによって拓かれた保型性の探求は、とくに保型ゼータの発見に特長がありました。それが、20世紀から21世紀にかけて大きく開花し、ラマヌジャン予想の解決（ドリーニュ、1974年）だけでなく、フェルマー予想の解決（ワイルズ、テイラー、1995年）や佐藤テイト予想の解決（テイラーたち、2011年）にも導くことになります。そのあらすじを振り返ります。

9.1 保型ゼータの解析接続

ラマヌジャンは、ラマヌジャン Δ 関数

$$\Delta(z) = e^{2\pi i z} \prod_{n=1}^{\infty} (1 - e^{2\pi i n z})^{24}$$
$$= \sum_{n=1}^{\infty} \tau(n) e^{2\pi i n z}$$

に対して、ゼータ

$$L(s, \Delta) = \sum_{n=1}^{\infty} \tau(n) n^{-s}$$

を考え、オイラー積表示

$$L(s, \Delta) = \prod_p L_p(s, \Delta),$$
$$L_p(s, \Delta) = \frac{1}{1 - \tau(p)p^{-s} + p^{11-2s}}$$

を予想しました (1916 年, 『ラマヌジャン全集』論文 18).

ゼータを考える以上, $L(s, \Delta)$ の解析接続は, 関係者 (ラマヌジャン, ハーディ, …) には直ちにできたはずですが, どういうわけか問題意識に登らなかったようです. とくに, Δ の保型性

$$\Delta\left(-\frac{1}{z}\right) = z^{12}\Delta(z)$$

をフーリエ変換 (メリン変換) すれば良いので, ラマヌジャンにとっては何でもなかったはずです.

なお, ラマヌジャンが保型性を扱うときは, たとえば $\Delta(z)$ の場合なら, $\alpha > 0$ に対して

$$\begin{aligned}F(\alpha) &= \alpha^6 \Delta\left(i\frac{\alpha}{\pi}\right) \\ &= \alpha^6 e^{-2\alpha} \prod_{n=1}^{\infty}(1-e^{-2n\alpha})^{24} \\ &= \alpha^6 \sum_{n=1}^{\infty} \tau(n) e^{-2n\alpha}\end{aligned}$$

を考え

『$\alpha\beta = \pi^2$ ならば $F(\alpha) = F(\beta)$』

というとても対称性の高い形で書くのが特長です.

最初に $L(s, \Delta)$ を解析接続した論文は 1929 年にウィルトンが発表しました:

J.R.Wilton "A note on Ramanujan's arithmetical function $\tau(n)$" Proc.Camb.Phil.Soc. 25 (1929) 121-129.

ウィルトン (John Raymond Wilton, 1884 年 5 月 2 日 - 1944 年 4 月 12 日) はオーストラリア出身の数学者で音楽や文学など多彩

な才能があったようで,1900年代初頭はケンブリッジ大学に留学しています.ウィルトンの結果は次の通りです.

> **定理**(ウィルトン,1929年)
> (1) $L(s,\Delta)$ はすべての複素数 s に対して正則関数として解析接続可能.
> (2) $L(s,\Delta)$ は $s \longleftrightarrow 12-s$ という関数等式をみたす.
> (3) $L(s,\Delta)$ は中心線 $\mathrm{Re}(s)=6$ 上に無限個の零点をもつ.

このうち,(3) は $L(s,\Delta)$ のリーマン予想を支持する結果で,1914年にハーディが $\zeta(s)$ の場合に示したこと「$\zeta(s)$ は $\mathrm{Re}(s)=\frac{1}{2}$ 上に無限個の零点をもつ」の $L(s,\Delta)$ 版に当たります.なお,$L(s,\Delta)$ のリーマン予想とは
「$L(s,\Delta)$ の零点は,$s=0,-1,-2,\cdots$ という零点を除くと,すべて $\mathrm{Re}(s)=6$ 上にある」
というもので,$\zeta(s)$ の場合と同様,現在まで未解決です.

ここでは,(1)(2) の証明をたどってみましょう.その証明は「保型性をメリン変換する」という簡単なアイディア——もともとは 1859 年にリーマンがリーマンゼータ $\zeta(s)$ の解析接続を「テータ関数 $\vartheta(z)$ のメリン変換」によって示したこと(ただし,メリンはリーマンの死後の人なので,リーマンの当時の言葉では「フーリエ変換」)と同じもの——です.ラマヌジャンは,ハーディ『ラマヌジャン 12 講』第 11 章「定積分」からわかる通り,メリン変換が好きで得意でした.たとえば,そこには

(B) $\displaystyle\int_0^\infty x^{s-1}\left\{\lambda(0)-\frac{x}{1!}\lambda(1)+\frac{x^2}{2!}\lambda(2)-\cdots\right\}dx$

$$= \Gamma(s)\lambda(-s)$$

や

(F) $F(x)$, $G(x)$ が

$$\int_0^\infty F(\alpha x)G(\beta x)dx = \frac{1}{\alpha+\beta}$$

をみたすとき

$$f(s) = \int_0^\infty F(x)x^{s-1}dx,$$

$$g(s) = \int_0^\infty G(x)x^{s-1}dx$$

と決まる（ゼータ）$f(s)$, $g(s)$ は

$$f(s)g(1-s) = \frac{\pi}{\sin(\pi s)}$$

をみたす,

などラマヌジャンのメリン変換に関する発見が報告されています．(B) では $\lambda=1$, (F) では $F(x)=G(x)=e^{-x}$ という一番簡単な場合には

(B) $\displaystyle\int_0^\infty x^{s-1}e^{-x}dx = \Gamma(s)$

(F) $\Gamma(s)\Gamma(1-s) = \dfrac{\pi}{\sin(\pi s)}$

となっています．以下の証明に必要な知識はこれで充分です．

■ ウィルトンの定理 (1)(2) の証明 ■

まず，積分表示

$$L(s,\Delta) = \frac{1}{(2\pi)^{-s}\Gamma(s)}\int_0^\infty \Delta(it)t^{s-1}dt$$

から出発します．この積分表示を確認するには

$$\int_0^\infty \Delta(it)t^{s-1}dt = \int_0^\infty \Bigl(\sum_{n=1}^\infty \tau(n)e^{-2\pi nt}\Bigr)t^{s-1}dt$$
$$= \sum_{n=1}^\infty \tau(n)\int_0^\infty e^{-2\pi nt}t^{s-1}dt$$
$$= \sum_{n=1}^\infty \tau(n)(2\pi n)^{-s}\varGamma(s)$$
$$= (2\pi)^{-s}\varGamma(s)L(s,\Delta)$$

とすれば良いのです.$\Delta(it)$ のメリン変換に他なりません.ここで,s は $\mathrm{Re}(s) > 7$ なら和と積分の交換なども問題ありません(後に示すように $\tau(n) = O(n^6)$ です).

また,$a > 0$ に対して
$$\int_0^\infty e^{-at}t^{s-1}dt = a^{-s}\varGamma(s)$$
となることを用いています.e^{-at} のメリン変換の計算です.それは,$u = at$ とおきかえることにより
$$\int_0^\infty e^{-at}t^{s-1}dt = \int_0^\infty e^{-u}\Bigl(\frac{u}{a}\Bigr)^{s-1}\frac{du}{a}$$
$$= a^{-s}\int_0^\infty e^{-u}u^{s-1}du$$
$$= a^{-s}\varGamma(s)$$
とわかります.

積分表示が得られると,あとは $\zeta(s)$ の場合にリーマンがやったことを続ければ良いのです.積分を
$$(2\pi)^{-s}\varGamma(s)L(s,\Delta) = \int_1^\infty \Delta(it)t^s\frac{dt}{t} + \int_0^1 \Delta(it)t^s\frac{dt}{t}$$
と 2 つに分けます.右端の積分において $u = \frac{1}{t}$ とおきかえて
$$\int_0^1 \Delta(it)t^s\frac{dt}{t} = \int_1^\infty \Delta\Bigl(i\frac{1}{u}\Bigr)\Bigl(\frac{1}{u}\Bigr)^s\frac{du}{u}$$

とします．ここで，保型性
$$\Delta\left(-\frac{1}{z}\right) = z^{12}\Delta(z)$$
を $z = iu$ として用いた等式
$$\Delta\left(i\frac{1}{u}\right) = u^{12}\Delta(iu)$$
より
$$\int_0^1 \Delta(it) t^s \frac{dt}{t} = \int_1^\infty \Delta(iu) u^{12-s} \frac{du}{u}$$
となります．したがって，
$$(2\pi)^{-s} \Gamma(s) L(s, \Delta) = \int_1^\infty \Delta(it)(t^s + t^{12-s}) \frac{dt}{t}$$
となって，この右辺の積分がすべての複素数 s に対して正則な関数を与えていることがわかります．さらに，この積分が $s \longleftrightarrow 12-s$ に関して完全に対称なことも明白です．

このようにして，完備ゼータ
$$\begin{aligned}\hat{L}(s, \Delta) &= \Gamma_{\mathbb{C}}(s) L(s, \Delta) \\ &= 2(2\pi)^{-s} \Gamma(s) L(s, \Delta) \\ &= 2 \int_1^\infty \Delta(it)(t^s + t^{12-s}) \frac{dt}{t}\end{aligned}$$
は正則関数で，関数等式
$$\hat{L}(s, \Delta) = \hat{L}(12-s, \Delta)$$
をみたすことが証明されました．

これは，リーマンゼータ $\zeta(s)$ の場合には完備ゼータ
$$\begin{aligned}\hat{\zeta}(s) &= \Gamma_{\mathbb{R}}(s) \zeta(s) \\ &= \pi^{-\frac{s}{2}} \Gamma\left(\frac{s}{2}\right) \zeta(s)\end{aligned}$$
に対する対称な関数等式

$$\hat{\zeta}(s) = \hat{\zeta}(1-s)$$

に対応しています．オイラーによる関数等式

$$\zeta(1-s) = \varGamma_{\mathbb{C}}(s) \cos\left(\frac{\pi s}{2}\right) \zeta(s)$$

は

$$\hat{\zeta}(1-s) = \hat{\zeta}(s)$$

と同値なものです．

ちなみに，$L(s, \varDelta)$ のときにオイラー版の関数等式は

$$\begin{aligned} L(12-s, \varDelta) &= -\frac{1}{2} \varGamma_{\mathbb{C}}(s) \varGamma_{\mathbb{C}}(s-11) \sin(\pi s) L(s, \varDelta) \\ &= -2^{10} \pi^{11} \varGamma_{\mathbb{C}}(s)^2 \frac{\sin(\pi s)}{(s-1)\cdots(s-11)} L(s, \varDelta) \end{aligned}$$

となります．

なお，$L(s, \varDelta)$ の正則性は表示

$$\begin{aligned} L(s, \varDelta) &= \varGamma_{\mathbb{C}}(s)^{-1} \hat{L}(s, \varDelta) \\ &= 2^{-1}(2\pi)^s \varGamma(s)^{-1} \hat{L}(s, \varDelta) \end{aligned}$$

からわかります． [証明終]

ここでは，$\varDelta(z)$ の場合だけ書きましたが，同様の考察は一般の保型形式 (モジュラー群 $SL(2, \mathbb{Z})$ の部分群に対する保型形式等々) でも行うことができます．有名なフェルマー予想の証明 (ワイルズ，テイラー，1995 年) はそのことを使って，次のように進みます．

『$p \geqq 5$ を素数として $a^p + b^p = c^p$ となる自然数 a, b, c が存在したとし，楕円曲線

$$E : y^2 = x(x-a^p)(x+b^p)$$

を考える．すると，谷山予想 (それをワイルズ＋テイラーは証

明)によって,重さ2の保型形式 F が存在して

$$L(s, E) = L(s, F)$$

というゼータの一致が起こる.さらに,関数等式を見ることにより F はレベル2にとれることもわかるが,レベル2で重さ2の該当者 F は存在しないので矛盾.』

このように,ラマヌジャンが保型形式のゼータを考えたこと(1916年)が,フェルマー予想の解決(1995年)にも結び付いたのです.

9.2 保型ゼータの積構造

ラマヌジャンは保型形式

$$f(z) = a(0, f) + \sum_{n=1}^{\infty} a(n, f) e^{2\pi i n z}$$

に対して,保型ゼータ

$$L(s, f) = \sum_{n=1}^{\infty} a(n, f) n^{-s}$$

を考えたわけでした.とくに,ここでは

$$L(s, \Delta) = \sum_{n=1}^{\infty} \tau(n) n^{-s}$$

を解析接続の代表例に取り上げましたが,一般の場合も同様です.

さらに,ラマヌジャンは "積"

$$L(s, f_1 \otimes \cdots \otimes f_r) = \sum_{n=1}^{\infty} a(n, f_1) \cdots a(n, f_r) n^{-s}$$

を保型形式

第9章　保型性の展開

$$f_j(z) = a(0, f_j) + \sum_{n=1}^{\infty} a(n, f_j) e^{2\pi i n z}$$

に対して考え，たとえば

$$L(s, E_k \otimes E_\ell) = \sum_{n=1}^{\infty} \sigma_{k-1}(n) \sigma_{\ell-1}(n) n^{-s}$$

$$= \frac{\zeta(s)\zeta(s-k+1)\zeta(s-\ell+1)\zeta(s-k-\ell+2)}{\zeta(2s-k-\ell+2)}$$

を示したのでした（『ラマヌジャン全集』論文 17）．

ここで，$L(s, \Delta \otimes \cdots \otimes \Delta)$ の場合に少し説明しておきます．そのために，まず

$$\tau(n) = O(n^6)$$

に注意します．これは $\Delta(z)$ の保型性から難しくなく出ます．等式

$$\tau(n) = e^{2\pi} \int_{-\frac{1}{2}}^{\frac{1}{2}} \Delta\left(x + i\frac{1}{n}\right) e^{-2\pi i n x} dx$$

を用いれば良いのです．この等式は

$$\int_{-\frac{1}{2}}^{\frac{1}{2}} \Delta\left(x + i\frac{1}{n}\right) e^{-2\pi i n x}$$
$$= \int_{-\frac{1}{2}}^{\frac{1}{2}} \left(\sum_{m=1}^{\infty} \tau(m) e^{2\pi i m (x + i\frac{1}{n})}\right) e^{-2\pi i n x} dx$$
$$= \sum_{m=1}^{\infty} \tau(m) \int_{-\frac{1}{2}}^{\frac{1}{2}} e^{2\pi i (m-n) x} \cdot e^{-2\pi \frac{m}{n}} dx$$
$$= \tau(n) e^{-2\pi}$$

とわかります．ただし，正規直交性

$$\int_{-\frac{1}{2}}^{\frac{1}{2}} e^{2\pi i (m-n) x} dx = \begin{cases} 1 \cdots m = n \\ 0 \cdots m \neq n \end{cases}$$

を使っています．

上記の表示から

$$|\tau(n)| \leq e^{2\pi} \int_{-\frac{1}{2}}^{\frac{1}{2}} \left|\Delta\left(x+i\frac{1}{n}\right)\right| dx$$

となります.一方,関数 $y^6|\Delta(x+iy)|$ はモジュラー群 $SL(2,\mathbb{Z})$ の作用について不変な関数になっていて基本領域において連続なことから

$$y^6|\Delta(x+iy)| \leq M$$

となる定数 $M>0$ が存在します(基本領域は $i\infty$ を添加してコンパクト領域になり,その上の実数値連続関数は最大値 M をもちます).したがって,$y=\dfrac{1}{n}$ として

$$\left|\Delta\left(x+i\frac{1}{n}\right)\right| \leq M \cdot n^6$$

より

$$\begin{aligned}|\tau(n)| &\leq e^{2\pi} \int_{-\frac{1}{2}}^{\frac{1}{2}} M \cdot n^6 dx \\ &= M e^{2\pi} n^6\end{aligned}$$

となり,

$$\tau(n) = O(n^6)$$

となります.

このことから,$L(s,\Delta)$ は $\mathrm{Re}(s)>7$ において絶対収束することがわかります.この基本的な評価式

$$\tau(n) = O(n^6)$$

を

$$\tau(n) = O(n^{\frac{29}{5}})$$

に改良したのが 1939 年のランキンです:

R.A.Rankin "Contributions to the theory of Ramanujan's

function $\tau(n)$ and similar arithmetical functions (Ⅰ)(Ⅱ)(Ⅲ)" Proc.Cambridge Philo. Soc. 35 (1939) 351-356, 367-372, 36 (1940) 150-151.

そのために,ランキンは,$\mathrm{Re}(s) > 13$ において絶対収束している

$$L(s, \Delta \otimes \Delta) = \sum_{n=1}^{\infty} \tau(n)^2 n^{-s}$$

を,すべての複素数 s へと解析接続し,1位の極 $s=12$ に着目して ($\mathrm{Re}(s) \geqq \dfrac{23}{2}$ における極は,それだけです),評価式

$$\sum_{n=1}^{N} \tau(n)^2 = C \cdot N^{12} + O(N^{12-\frac{2}{5}})$$

を証明しました.これから

$$\tau(n)^2 = O(n^{12-\frac{2}{5}})$$

つまり

$$\tau(n) = O(n^{\frac{29}{5}})$$

が出ます.基本的な評価

$$\tau(n) = O(n^6)$$

から見ると,べきの 6 を $\dfrac{1}{5}$ 改良したわけです.これは小さな一歩でしたが,偉大な一歩でした.実は,ラマヌジャン予想は

$$\tau(n) = O(n^{\frac{11}{2}+\varepsilon})$$

が各 $\varepsilon > 0$ に対して成立することと同値です(黒川・栗原・斎藤『数論Ⅱ』岩波書店,第 9 章,演習問題 9.5).

したがって,ランキンと同様なことが

$$L(s, \overbrace{\Delta \otimes \cdots \otimes \Delta}^{m \text{個}}) \quad (m = 3, 4, 5, \cdots)$$

に対しても示すことができれば,ラマヌジャン予想が証明できる見通しになっていたのでした.ところが,そちらが解析的な困難に遮られ進展が無いうち,ラマヌジャン予想自体は1960年代からの合同ゼータの研究(グロタンディークの『EGA』『SGA』)を駆使してドリーニュが1974年に解決することになります.これは,有限体上でラマヌジャンの積構造を考えた成果でした.

一方,ランキン(1939年)の $m=2$ の場合の結果を $m=3$ に拡張するのは非常に困難で,半世紀後のギャレット(1985年)まで待たねばなりませんでした.それは,ラマヌジャン予想の次に来る佐藤テイト予想解明への道でした.

9.3 佐藤テイト予想

ラマヌジャン予想を深めたものが佐藤テイト予想です.ラマヌジャン予想は,各素数 p に対して

$$\tau(p)=2p^{\frac{11}{2}}\cos(\theta_p)$$

となる $0 \leqq \theta_p \leqq \pi$ が(ただ一つ)存在することを言っていました.この θ_p はラマヌジャンが1916年の論文に書いていた通りの記号です.

佐藤幹夫は1962年にラマヌジャン予想を合同ゼータ(久賀-佐藤多様体の場合)のリーマン予想に帰着し,続いて1963年3月〜5月には

$$\{\theta_p|p:\text{素数}\}\subset[0,\pi]$$

の分布を考え,数値実験によって次の予想に至りました.

佐藤予想（1963年）

すべての $0 \leq \alpha < \beta \leq \pi$ に対して
$$\lim_{x \to \infty} \frac{|\{p \leq x \mid p \text{ は素数で，} \alpha \leq \theta_p \leq \beta\}|}{\pi(x)} = \frac{2}{\pi} \int_\alpha^\beta \sin^2\theta d\theta.$$

佐藤は，さらに一般の保型形式や楕円曲線の場合の数値実験も，初期のコンピューターで行い，同じ型の分布則が成立することを予想しました．佐藤予想は，それを聞き知ったテイトが1964年にゼータによる解釈を与えたことから「佐藤テイト予想」と呼ばれることになります．右辺の密度分布は $SU(2)$ の正規化されたハール測度から誘導される共役類空間

$$\begin{array}{ccc} \mathrm{Conj}(SU(2)) & = & [0, \pi] \\ \cup & & \cup \\ \left[\begin{pmatrix} e^{i\theta} & 0 \\ 0 & e^{-i\theta} \end{pmatrix}\right] & \longleftarrow & \theta \end{array}$$

の測度 $\dfrac{2}{\pi}\sin^2\theta d\theta$ であることも判明しました．

それから半世紀ほど経って，佐藤テイト予想は2011年にテイラーたちによって完全に証明されました：

T.Barnet-Lamb, D.Geraghty, M.Harris, and R.Taylor : "A family of Calabi-Yau varieties and potential automorphy II." Publ.Res.Inst.Math.Sci. 47 (2011) 29-98.

その根幹となったのは一般素数定理の証明方針です．そのために，ラマヌジャンのゼータ $L(s, \Delta)$ を拡張したゼータの系列

$$L^m(s, \Delta) = \prod_p L_p^m(s, \Delta) \quad (m = 1, 2, 3, \cdots),$$

$$L_p^m(s, \Delta) = \frac{1}{(1-\alpha(p)^m p^{-s})(1-\alpha(p)^{m-1}\beta(p)p^{-s})\cdots(1-\beta(p)^m p^{-s})}$$

を用います.ここで,

$$L(s, \Delta) = \prod_p \frac{1}{1-\tau(p)p^{-s}+p^{11-2s}}$$
$$= \prod_p \frac{1}{(1-\alpha(p)p^{-s})(1-\beta(p)p^{-s})}$$

としておきます.

したがって,

$$L^1(s, \Delta) = L(s, \Delta)$$

ですし,$L^m(s, \Delta)$ は積構造

$$L(s, \overbrace{\Delta \otimes \cdots \otimes \Delta}^{m 個}) = \sum_{n=1}^{\infty} \tau(n)^m n^{-s}$$

のオイラー積の分母から本質的部分を取り出したものになっていて,$L^m(s, \Delta)$ は $\mathrm{Re}(s) > \frac{11m}{2}+1$ において絶対収束しています.

テイラーたちの基本定理は次の通りです:

定理(テイラーたち,2011 年)

(1) $m = 1, 2, 3, \cdots$ に対して $L^m(s, \Delta)$ はすべての $s \in \mathbb{C}$ に有理型関数として解析接続される.

(2) $L^m(s, \Delta)$ は $\mathrm{Re}(s) \geq \frac{11m}{2}+1$ においては,正則で零点をもたない.

これから素数定理やディリクレ素数定理(算術級数素数定理)の証明と同様にして佐藤テイト予想が証明されます.テイラー

たちの基本定理の証明はラングランズ予想の枠組みで行われ，$L^m(s,\Delta)$ を $GL(m+1)$ の保型表現 π_m のゼータ $L(s,\pi_m)$ によって同定するという方針です．そのためには，対応するガロア表現を考えることが重要になっています．

フェルマー予想の証明のときは $GL(2)$（$m=1$）のみの扱いで済んでいたのですが，佐藤テイト予想の証明の場合は $GL(m+1)$（$m=1,2,3,\cdots$）がすべて必要になります．15年間にわたる大きな進歩です．詳しくは次の文献を参照してください：

(1)『数学のたのしみ』2008年，最終号（佐藤テイト予想特集号），日本評論社．

(2)『佐藤幹夫の数学』（木村達雄 編）2007年，日本評論社；2014年増補版．

佐藤テイト予想に関しては，どちらにも黒川の解説が入っています．

第10章 深リーマン予想

ラマヌジャン予想がリーマン予想の形をしていることは既に見ました．リーマン予想は最近になって「深リーマン予想」というオイラー積の境界を超えての（漸近）収束性——オイラー積の超収束——に深化しています．本章は，100年前の1914年〜1915年にラマヌジャンが深リーマン予想に限りなく近づいていたことを紹介します．

10.1 ラマヌジャンの式

ラマヌジャンは，今から百年前に次の式を書き残しています（いずれも $x \to \infty$ における漸近展開；出典は後述）：

(A) $\displaystyle\prod_{\substack{p \leq x \\ p:\text{素数}}} \left(1 - \frac{1}{\sqrt{p}}\right)^{-1} = -\sqrt{2}\,\zeta\left(\frac{1}{2}\right) \times \exp\Bigl(\mathrm{Li}(\vartheta(x)^{\frac{1}{2}})$
$\hspace{4em} + \dfrac{1 + S_{\frac{1}{2}}(x)}{\log x} + O\Bigl(\dfrac{1}{(\log x)^2}\Bigr)\Bigr).$

(B) $\dfrac{1}{2} < s < 1$ に対して

$$\prod_{\substack{p \leq x \\ p:\text{素数}}} \left(1 - \frac{1}{p^s}\right)^{-1} = -\zeta(s) \times \exp\Big(\mathrm{Li}(\vartheta(x)^{1-s})$$
$$+ \frac{2sx^{\frac{1}{2}-s}}{(2s-1)\log x} + \frac{S_s(x)}{\log x} + O\Big(\frac{x^{\frac{1}{2}-s}}{(\log x)^2}\Big)\Big).$$

ここで,

$$\zeta(s) = \prod_{p:\text{素数}} (1-p^{-s})^{-1} = \sum_{n=1}^{\infty} n^{-s}$$

はリーマンゼータ関数 (解析接続したもの),

$$\mathrm{Li}(x) = \lim_{\varepsilon \downarrow 0} \Big(\int_0^{1-\varepsilon} + \int_{1+\varepsilon}^x\Big) \frac{du}{\log u}$$

は対数積分,

$$\vartheta(x) = \sum_{\substack{p \leq x \\ p:\text{素数}}} \log p,$$

$$S_s(x) = -s \sum_{\rho:\text{リーマンゼータの虚零点}} \frac{x^{\rho-s}}{\rho(\rho-s)},$$

O はランダウのオー記号 ($f(x) = O(g(x))$ とは $\dfrac{f(x)}{g(x)}$ が有界であること) です.

あとで説明したいと思いますが, (A) が $\zeta(s)$ の「深リーマン予想」((B) が「リーマン予想」) に "限りなく近い" ものです.

10.2 ラマヌジャンの研究

ラマヌジャンは 1915 年出版の論文 (全集の論文記号 15)

S.Ramanujan "Highly composite numbers" Proc.London Math. Soc. (2) **14** (1915) 347–409

において「高次合成数 (highly composite number)」を研究しました.

これは, 自然数 n の約数の個数 $d(n)$ が "大きくなる n" の研究をしたものです. N が高次合成数とは $n=1,\cdots,N-1$ に対して

$$d(n)<d(N)$$

となることです. $d(n)$ が小さい方に関しては

$d(n)=1 \iff n=1$,

$d(n)=2 \iff n$ は素数,

$d(n)=3 \iff n$ は素数の平方,

$d(n)=4 \iff n$ は素数の立方, あるいは相異なる 2 素数の積

などとなっていますので, その反対の方向を見る研究ですが, 結局, 素数の精密な分布状態を知る必要があります.

はじめの方は

$$\begin{aligned}&d(1)=1, \quad d(2)=2,\\&d(3)=2, \quad d(4)=3,\\&d(5)=2, \quad d(6)=4,\\&d(7)=2, \quad d(8)=4,\\&d(9)=3, \quad d(10)=4,\\&d(11)=2, \quad d(12)=6,\end{aligned}$$

....

ですので,

$$N=2,4,6,12,24,36,48,60,120,\cdots$$
$$[d(N)=2,3,4,6,8,9,10,12,16,\cdots]$$

などが高次合成数です.

ラマヌジャンは, 高次合成数 N に対して

$$N = 2^{a(2)} 3^{a(3)} \cdots p^{a(p)},$$
$$a(2) \geqq a(3) \geqq \cdots \geqq a(p) \geqq 1$$

という素因数分解表示をもつことを示し，$N \neq 4, 36$ なら $a(p) = 1$ となることも示しました．たとえば

$$2 = 2^1,$$
$$[4 = 2^2]$$
$$6 = 2^1 \cdot 3^1,$$
$$12 = 2^2 \cdot 3^1,$$
$$24 = 2^3 \cdot 3^1,$$
$$[36 = 2^2 \cdot 3^2]$$
$$48 = 2^4 \cdot 3^1,$$
$$60 = 2^2 \cdot 3^1 \cdot 5^1,$$
$$120 = 2^3 \cdot 3^1 \cdot 5^1$$

となっています．

この論文がかなりのボリュームをもっていることは，雑誌印刷版で63ページあることからもわかるでしょう．一見すると初等数論的な題材と論文のタイトルですが，ラマヌジャンの研究はゼータ関数の虚零点の深いところまで達していて（これは，ハーディの「ラマヌジャンはゼータ関数の虚零点を理解しなかった」というよく知られた発言とは反対であることは，本書で何度目かの指摘です），未来へと続いているものでした．

実際，これで話が終ってはいなかったのでした．この論文は，ラマヌジャンがインドからイギリスに渡った1914年に書かれたと思われますが，その年に勃発した第一次世界大戦によって残酷な迫害を受けたのです．

それは，こういうことです．ラマヌジャンは戦時中の暖房不足や食料不足から体調をくずしてしまい，1920年の死去につながっ

てしまうのですが，ラマヌジャンの原稿自体も，戦争による資金不足や物資不足（とくに紙不足）から，全体の$\frac{1}{3}$——しかも重要なところ——がカットされてしまったのです．

1915年に印刷出版された部分は§1〜§51です．（一応，「§52」が付いていますが，それはカットされた部分と見比べると，カットが決まってからの苦渋の決断として「$d(n)$だけでなく一般化も考えたのだ」という宣言を当座に付け加えたものと思われます．）印刷されなかった部分があったことは，その当時から一部で伝わっていましたが，その残りの原稿§52〜§75が公になったのは1988年であり，活字になって印刷されたのは1997年でした．

前者は

S.Ramanujan "The Lost Notebook and Other Unpublished Papers" Narosa Publishing House, New Delhi, 1988

というファクシミリ版単行本の中の "Other Unpublished Papers" の部分 (p.281-308) に§52-§75が手書きで入っています．

後者は

S.Ramanujan "Highly composite numbers" (annotated by J.L.Nicolas and G.Robin) The Ramanujan Journal **1** (1997) 119-153

という雑誌論文（『ラマヌジャン・ジャーナル』第1巻）で，編者 (Nicolas+Robin) による註が付いています．

これらを見ると，よくぞ戦火を免れて，ケンブリッジにおいてワトソンたちがラマヌジャンの原稿を守り通してくれたものと感謝したい念でいっぱいです．さらに，ラマヌジャンの真骨頂は，

第一次世界大戦によって切断されてしまった部分にこそあったという思いが強くします.

ラマヌジャンが§52-§75において何を研究していたかは,1915年に出版された§1-§51(「§52」も付いていましたが,本来のものではありませんでした)との比較で言いますと,$d(n)$を一般化した$\sigma_a(n)$の場合を§58以降において深く研究したことが重要な点です.ここで,

$$\sigma_a(n) = \sum_{d|n} d^a$$

はnの約数のa乗の和です.約数の個数$d(n)$は$a=0$という特別の場合になっています:$d(n)=\sigma_0(n)$.ちなみに,10.1のはじめに引用したラマヌジャンの式(A)(B)は§68に含まれていました.

ラマヌジャンは$\sigma_a(n)$の類似物として,カットされた部分の最初の節§52(本来の§52です)では

$$\sum_{n=1}^{\infty} Q_2(n) n^{-s} = \zeta(s) L(s) = \zeta_{\mathbb{Q}(\sqrt{-1})}(s),$$

$$L(s) = \sum_{\substack{n \geq 1 \\ 奇数}} (-1)^{\frac{n-1}{2}} n^{-s} = L(s, \chi_{-4})$$

と決まる

$$Q_2(n) = \frac{1}{4} \left| \left\{ (m_1, m_2) \middle| \begin{array}{l} m_1, \ m_2 \in \mathbb{Z} \\ m_1^2 + m_2^2 = n \end{array} \right\} \right| \leq d(n)$$

に対して,$d(n)$に対してと同様の研究(つまり,$Q_2(n)$がどのようなnに対して「大きく」なるか)を行っています.

同様のことは

§72:$\displaystyle\sum_{n=1}^{\infty} Q_4(n) n^{-s} = \zeta(s) \zeta(s-1)(1 - 4^{1-s}),$

§73: $\sum_{n=1}^{\infty} Q_6(n)n^{-s} = \frac{4}{3}\zeta(s-2)L(s) - \frac{1}{3}\zeta(s)L(s-2),$

§74: $\sum_{n=1}^{\infty} Q_8(n)n^{-s} = \zeta(s)\zeta(s-3)(1-2^{1-s}+4^{2-s})$

に対しても研究しています.ここで,

$$Q_r(n) = \frac{1}{2r}\left|\left\{(m_1,\cdots,m_r)\,\middle|\,\begin{matrix}m_1,\;\cdots,\;m_r \in \mathbb{Z}\\ m_1^2+\cdots+m_r^2 = n\end{matrix}\right\}\right|$$

であり,

$$Q_4(n) \leqq \sigma_1(n),$$
$$Q_6(n) \leqq \frac{5\sigma_2(n)-2}{3},$$
$$Q_8(n) \leqq \sigma_3(n)$$

となっています:

$$Q_r(1) = 1,$$
$$Q_r(2) = r-1,$$
$$Q_r(3) = \frac{2(r-1)(r-2)}{3},\;\cdots.$$

これらの共通点は,関数 $A(n) \geqq 0$ に対して,ゼータ関数

$$\sum_{n=1}^{\infty} A(n)n^{-s}$$

が2次のオイラー積(のいくつかの和)で表示される点です.たとえば:

(1) $\sum_{n=1}^{\infty} d(n)n^{-s} = \prod_p (1-p^{-s})^{-1}(1-p^{-s})^{-1} = \zeta(s)^2,$

(2) $\sum_{n=1}^{\infty} Q_2(n)n^{-s} = \prod_p (1-p^{-s})^{-1}(1-\chi_{-4}(p)p^{-s})^{-1}$
$\qquad\qquad\qquad = \zeta(s)L(s),$

(3) $$\sum_{n=1}^{\infty} \sigma_a(n) n^{-s} = \prod_p (1-p^{-s})^{-1}(1-p^{a-s})^{-1} = \zeta(s)\zeta(s-a).$$

ラマヌジャンは，リーマン予想を仮定すると

『$\sigma_1(n) < e^\gamma n \log\log n$ が $n > n_0$ で成立するような n_0 が存在する』(γ はオイラー定数) ということを，その研究の中で示していたのですが，後に，ロビン (G.Robin: 1997 年にラマヌジャンの論文を編んだ一人) は 1984 年に

『リーマン予想 $\iff \sigma_1(n) < e^\gamma n \log\log n$ が

$n > 5040$ に対して成立』

を示しています．この研究は

$$\sigma_{-1}(n) = \frac{\sigma_1(n)}{n}$$

で書き直してみますと

『$\sigma_{-1}(n) < e^\gamma \log\log n$』

という，「$\sigma_{-1}(n)$ がどれくらい大きくなれるか」とラマヌジャンが設定した問題そのものであることがわかります．なお，$\frac{1}{2} \leq s < 1$ に対する $\sigma_{-s}(n)$ の場合は「定数項」として $\zeta(s)$ が出てきます．それが，本章の冒頭の式 (A)(B) に $\zeta(s)$ が出ていることと関係しています．

10.3 メルテンスの定理

ラマヌジャンは 1915 年の出版の際にカットされてしまった §68 (ファクシミリ版の 299 ページ，1997 年印刷版の 138 ページ) に次のように書いています：

(359)
$$\frac{1}{\left(1-\frac{1}{\sqrt{2}}\right)\left(1-\frac{1}{\sqrt{3}}\right)\left(1-\frac{1}{\sqrt{5}}\right)\cdots\left(1-\frac{1}{\sqrt{p}}\right)}$$
$$= -\sqrt{2}\,\zeta\!\left(\frac{1}{2}\right)\exp\!\left\{\mathrm{Li}(\sqrt{\vartheta(x)}) + \frac{1+S_{\frac{1}{2}}(x)}{\log x} + O\!\left(\left(\frac{1}{\log x}\right)^2\right)\right\}.$$

(361) $1 > s > \dfrac{1}{2}$
$$\frac{1}{(1-2^{-s})(1-3^{-s})(1-5^{-s})\cdots(1-p^{-s})}$$
$$= |\zeta(s)|\exp\!\left\{\mathrm{Li}(\vartheta(x)^{1-s}) + \frac{2sx^{\frac{1}{2}-s}}{(2s-1)\log x} + \frac{S_s(x)}{\log x} + O\!\left(\frac{x^{\frac{1}{2}-s}}{(\log x)^2}\right)\right\}.$$

(362)
$$\frac{1}{\left(1-\frac{1}{2}\right)\left(1-\frac{1}{3}\right)\left(1-\frac{1}{5}\right)\cdots\left(1-\frac{1}{p}\right)}$$
$$= e^{\gamma}\!\left\{\log\vartheta(x) + \frac{2}{\sqrt{x}} + S_1(x) + O\!\left(\frac{1}{\sqrt{x}\,\log x}\right)\right\}$$
$$= e^{\gamma}\!\left\{\gamma + \frac{\log 2}{2-1} + \frac{\log 3}{3-1} + \cdots + \frac{\log p}{p-1} + O\!\left(\frac{1}{\sqrt{p}\,\log p}\right)\right\}.$$

ここで,左辺は x 以下の素数に関する積を表しています(ときには p 以下の素数に関する積の意味にもなていますが).したがって,(359) が 10.1 で述べた (A) であり,(361) が 10.1 の (B) です.念のために書いておきますと

(360) $-(\sqrt{2}-1)\zeta\!\left(\dfrac{1}{2}\right) = \dfrac{1}{\sqrt{1}} - \dfrac{1}{\sqrt{2}} + \dfrac{1}{\sqrt{3}} - \dfrac{1}{\sqrt{4}} + \cdots$

は注意書です.

この視点からしますと,(362) は「メルテンスの定理」と呼ばれているものの改良版という系列に入ってきます.そこで,メルテンスの定理が最初に現れた論文

F. Mertens "Ein Beitrag zur analytischen Zahlentheorie"
Crelle J. **78** (1874) 46-62

に立ち返って考えることにしましょう．メルテンスは，この論文において

> **メルテンスの第1定理**
> $$\prod_{\substack{p \leq x \\ p:素数}} \left(1 - \frac{1}{p}\right)^{-1} \sim e^{\gamma} \log x.$$

という，「良く知られたメルテンス定理」を証明しています．それは，現在でも『初等数論』『解析数論』関係の詳しい本には必ず出ている内容です．また，対数を取った形で

$$\lim_{x \to \infty} \left(\sum_{\substack{p \leq x \\ p:素数}} \frac{1}{p} - \log \log x \right) = \gamma + \sum_{p:素数} \left(\frac{1}{p} + \log\left(1 - \frac{1}{p}\right) \right)$$

と書かれることもあります．

ところが，メルテンスは，その論文において

> **メルテンスの第2定理**
> $$\lim_{x \to \infty} \prod_{\substack{p \leq x \\ p:奇素数}} \left(1 - (-1)^{\frac{p-1}{2}} \frac{1}{p}\right)^{-1} = \frac{\pi}{4}.$$

も証明していたのです．こちらの方は，ほぼ完全に忘れ去られてしまっていて紹介されることもまれです．詳しくは次の本の第4章と第6章を見てください：

黒川信重『リーマン予想の先へ：深リーマン予想』東京図書，2013年．

同書の定理4.2で一般化して証明されている通り,メルテンスの定理は次の形で考えるとわかり易いのです.

メルテンスの定理

χをディリクレ指標とすると次が成立する.
(1) $\chi = 1$のとき
$$\prod_{\substack{p \leq x \\ p:\text{素数}}} (1-\chi(p)p^{-1})^{-1} \sim (\text{Res}_{s=1} L(s,\chi)) e^\gamma \log x.$$
(2) $\chi \neq 1$のとき
$$\lim_{x \to \infty} \prod_{\substack{p \leq x \\ p:\text{素数}}} (1-\chi(p)p^{-1})^{-1} = L(1,\chi).$$

ただし,右辺の$L(s,\chi)$は解析接続後のL関数を表しています.
(1)のχを $\boxed{1 \bmod 1}$ としたときが,通常のメルテンス定理(第1定理)
$$\prod_{\substack{p \leq x \\ p:\text{素数}}} (1-p^{-1})^{-1} \sim e^\gamma \log x$$
であり,(2)のχが $\boxed{\chi_{-4} \bmod 4}$ の場合が,メルテンスの第2定理
$$\lim_{x \to \infty} \prod_{\substack{p \leq x \\ p:\text{奇素数}}} \left(1-(-1)^{\frac{p-1}{2}}\frac{1}{p}\right)^{-1} = L(1,\chi_4) = \frac{\pi}{4}$$
です.ここで,(2)の収束はとても非自明なことと,(絶対収束でない)条件収束ですので素数の順番を守らないといけないことを注意しておきます.証明には,ディリクレ素数定理(算術級数素

数定理) と同程度の深い結果・議論が必要です (『リーマン予想の先へ』参照).

このように見てきますと, ラマヌジャンはメルテンスの定理 (第1定理) の改良・類似を考えていたと見ると良いことがわかります. それは, $\frac{1}{2} \leq s \leq 1$ に対して, 部分オイラー積

$$\prod_{\substack{p \leq x \\ p:素数}} (1-p^{-s})^{-1}$$

の $x \to \infty$ としたときの漸近評価を精密に求めるという問題になり, "定数" として $\zeta(s)$ ($s=1$ なら, $\zeta(1)=\infty$ の代りに, $\text{Res}_{s=1}\zeta(s)=1$ や $\lim_{s \to 1}\left(\zeta(s)-\frac{1}{s-1}\right)=\gamma$) が出てくるわけです.

10.4 深リーマン予想

オイラー積によって構成されたゼータ関数や L 関数に対して, 旧来の研究では, オイラー積は絶対収束域 $\text{Re}(s) > s_0$ においてのみ考えるのが基本でした. ところが, 近年, そのようなオイラー積を絶対収束域の外 (左) $\text{Re}(s) \leq s_0$ においても直接考えることが意味を持つということが次第にわかってきました. これが『深リーマン予想』の考え方で, その先駆けとなった $s=s_0$ のときが『メルテンス型の定理』ということになります (単行本『リーマン予想の先へ』第5章).

ただし, $\text{Re}(s) < s_0$ において証明が完了しているのは「関数体版 (合同ゼータ関数) と呼ばれる場合のみです (『リーマン予想の先へ』第6章に詳しい証明が付いています). 参考までに, 関数体版を書いておきます.

$\mathbb{F}_q$ を q 元体とし,K を $\mathbb{F}_q$ 上の 1 変数関数体,その種数を g とし,
$$\zeta_K(s) = \prod_v (1 - N(v)^{-s})^{-1}$$
を K のゼータ関数(これは K に対応する $\mathbb{F}_q$ 上の代数曲線の合同ゼータ関数です)とすると,ヴェイユの定理($\zeta_K(s)$ に対するリーマン予想の証明,1948 年)から
$$\zeta_K(s) = \frac{\prod_{j=1}^{2g}(1-\mu_j q^{-s})}{(1-q^{-s})(1-q^{1-s})},$$
$$|\mu_j| = \sqrt{q} \quad (j=1,\cdots,2g)$$
となります.このとき,次が成立します.ここで,$x = q^m \ (m \to \infty)$ としておきます.

定理

(1) "メルテンス型"
$$\prod_{N(v) \le x}(1-N(v)^{-1})^{-1} \sim (\mathrm{Res}_{s=1}\zeta_K(s))e^\gamma \log x.$$

(2) $\frac{1}{2} < s < 1$ に対して
$$\prod_{N(v) \le x}(1-N(v)^{-s})^{-1}$$
$$\sim (1-q^{1-s})\zeta_K(s) \times \exp\Big(\sum_{\ell=1}^m \frac{1}{\ell} q^{\ell(1-s)}\Big).$$

(3) $s = \frac{1}{2}$ のとき ($\zeta_K\!\left(\frac{1}{2}\right) \ne 0$ とする)
$$\prod_{N(v) \le x}(1-N(v)^{-\frac{1}{2}})^{-1}$$
$$\sim (1-\sqrt{q})\sqrt{2}\,\zeta_K\!\left(\frac{1}{2}\right) \times \exp\Big(\sum_{\ell=1}^m \frac{1}{\ell} q^{\frac{\ell}{2}}\Big).$$

指標付版も証明できますが，それは『リーマン予想の先へ』を読んでください．

なお，ここで，冒頭の (A) (B) における $\mathrm{Li}(\vartheta(x)^{1-s})$ 型の積分がどうして出てくるのかのヒントを，上の (2) (3) を類似例として説明しておきましょう．ここでは，$\mathrm{Li}(x^{1-s})$ 型を目標に話します ($\vartheta(x) \sim x$ です)．それには，$q > 1$ に対するジャクソン積分 (q - 積分)

$$\int_1^{q^m} f(t) d_q t = \sum_{\ell=1}^m f(q^\ell)(q^\ell - q^{\ell-1})$$
$$= (1-q^{-1})\sum_{\ell=1}^m f(q^\ell) q^\ell$$

を考えます．

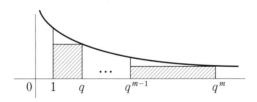

すると，(2) (3) の量がジャクソン積分で書けます：

$$\sum_{\ell=1}^m \frac{1}{\ell} q^{(1-s)\ell} = \frac{\log q}{1-q^{-1}} \int_1^{q^m} \frac{1}{t^s \log t} \, d_q t,$$

$$\sum_{\ell=1}^m \frac{1}{\ell} q^{\frac{\ell}{2}} = \frac{\log q}{1-q^{-1}} \int_1^{q^m} \frac{1}{t^{\frac{1}{2}} \log t} \, d_q t,$$

そこで，$q \downarrow 1$ のとき通常のリーマン積分に移行させ ($c > 1$ に対して)

$$\int_c^x \frac{1}{t^s \log t}\,dt = \int_{c^{1-s}}^{x^{1-s}} \frac{du}{\log u} \sim \mathrm{Li}(x^{1-s}),$$

$$\int_c^x \frac{1}{t^{\frac{1}{2}} \log t}\,dt = \int_{\sqrt{c}}^{\sqrt{x}} \frac{du}{\log u} \sim \mathrm{Li}(\sqrt{x}),$$

に注意すれば，ヒントになるでしょう．

さて，通常のディリクレ L 関数 $L(s,\chi)$ のとき（代数体 $K=\mathbb{Q}$ のとき）にどうなるのかについて詳しいことは，ここには書くことができませんが，たとえば $\chi=\chi_{-4}$ のときなら

---

(1)"メルテンス型" $s=1$ のとき：
$$\lim_{x\to\infty}\prod_{p\le x}(1-\chi(p)p^{-s})^{-1} = L(s,\chi) = \frac{\pi}{4}$$

は，メルテンスが1874年に証明済のものでした．一方， $\chi=\chi_{-4}$ のときの

---

(2)"リーマン予想" $\frac{1}{2}<s<1$ のとき：
$$\lim_{x\to\infty}\prod_{p\le x}(1-\chi(p)p^{-s})^{-1} = L(s,\chi)$$

および

---

(3)"深リーマン予想" $s=\frac{1}{2}$ のとき：
$$\lim_{x\to\infty}\prod_{p\le x}(1-\chi(p)p^{-s})^{-1} = \sqrt{2}\,L(s,\chi)$$

は数値計算で良く合うことを確かめることができますが，証明は

できていません．

さらに，$\chi=1$のときは，関数体版のときと同様に，漸近収束の形にしなければなりません．冒頭の(A)(B)のような漸近項を工夫し設定することが必要なのです．

深リーマン予想関連の参考文献としては，『リーマン予想の先へ』に加えて，次の論文をあげておきます：

T. Kimura, S. Koyama and N. Kurokawa
 ［木村太郎，小山信也，黒川信重］

"Euler products beyond the boundary"
 Letters in Mathematical Physics **104** (2014) 1–19
 ［arXiv：1210．1216［math.NT］］．

また，リーマンゼータ関数に対する深リーマン予想の研究や本章で取り上げたラマヌジャンの研究に関しては赤塚広隆さん（小樽商科大学・准教授）の詳細な論文を待ってください；赤塚広隆「臨界線上におけるリーマン・ゼータ関数のオイラー積の挙動について」『数理研講義録』**1874** (2014) 1–11．

なお，

黒川信重『ゼータの冒険と進化』現代数学社，2014年10月［『現代数学』2013年4月号〜2014年3月号の連載「ゼータから見た現代数学」の増補版］

の第5章「ゼータと素朴な玉河数」には，深リーマン予想を玉河数の観点から考えることが紹介されていますので，ぜひ読んでください．ここで，Xを$\mathbb{Z}$上の代数的集合としたとき

$$\prod_{p\leq x}\frac{|X(\mathbb{F}_p)|}{p^{\dim(X)}}$$

を$x\to\infty$において考えたものが「素朴な玉河数」です．たとえ

ば，$X = SL(2)$ なら
$$|X(\mathbb{F}_p)| = |SL(2, \mathbb{F}_p)| = p^3 - p$$
ですので
$$\lim_{x \to \infty} \prod_{p \leq x} \frac{|SL(2, \mathbb{F}_p)|}{p^{\dim(SL(2))}} = \lim_{x \to \infty} \prod_{p \leq x} \frac{p^3 - p}{p^3}$$
$$= \prod_p \left(1 - \frac{1}{p^2}\right)$$
$$= \frac{1}{\zeta(2)}$$
$$= \frac{6}{\pi^2}$$

と収束（絶対収束）しています．一方，X が楕円曲線の場合ですと，その（漸近）収束性は大変精妙なものとなっていて，バーチ・スウィンナートン・ダイヤー予想と深リーマン予想（ゼータ関数は楕円曲線のゼータ関数）を合体した，とても深い予想となっています（ゴールドフェルト，1982年）．

10.5 ラマヌジャンの研究の超時代性

第一次世界大戦のはじまった 1914 年にラマヌジャンが考えていた内容が百年後の現代において最先端の深リーマン予想へと結びついていることに，今更ながら驚きます．

さらに，同時期に，ドイツのゲッチンゲン大学においてコルンブルムが 10.4 で紹介した関数体版のゼータ関数・L 関数（合同ゼータ関数）を考えていたこと［論文

H.Kornblum "Über die Primfunktionen in einer arithmetischen Progression"

は 1919 年にランダウが編集して Math.Zeitschrift 5 (1919) 100-

111 に出版] も想い出されます．

　前にも述べましたが，残念ながら，コンブルム (1890-1914) は第一次世界大戦に志願し，1914 年に戦死してしまいました．百年戻って戦争を無くすと 20 代半ばのコンブルムとラマヌジャンも救出できて，数学も今より百年分は進んでいたはずです．

ゼータの解析接続

　これまで、ラマヌジャンは複素関数論を知らない、というハーディの言葉を何度か紹介しました．本章は、ラマヌジャンがリーマンゼータ関数の新しい解析接続を与えている論文（全集収録）などを見ます．ハーディの言っていたことが、本当に正しいことを伝えていたかどうかは、明らかでしょう．

11.1　ラマヌジャンの新表示

　ラマヌジャンは1915年の論文（『ラマヌジャン全集』論文番号14）

"New expressions for Riemann's functions $\xi(s)$ and $\Xi(t)$"

Quart.J.Math. 46 (1915) 253-260

において、リーマンゼータ関数 $\zeta(s)$ に対する新しい積分表示を与えました．

定理(ラマヌジャン)

$\alpha, \beta > 0$, $\alpha\beta = \pi^2$ なら

$$\frac{s(s-1)}{2}\Gamma_{\mathbb{R}}(s-1)\Gamma_{\mathbb{R}}(-s)\Gamma_{\mathbb{R}}(s)\zeta(s) = F(s,\alpha) + F(1-s,\beta)$$

が成り立つ. ただし,

$$\Gamma_{\mathbb{R}}(s) = \pi^{-\frac{s}{2}}\Gamma\left(\frac{s}{2}\right),$$

$$F(s,\alpha) = 2\pi\left(\frac{\alpha}{\pi}\right)^{\frac{s}{2}}\left\{\frac{1}{s} - 4\sqrt{\pi\alpha}\int_0^\infty \left(\frac{1}{1+s} - \frac{\alpha}{1!}\cdot\frac{x^2}{3+s}\right.\right.$$

$$\left.\left.+ \frac{\alpha^2}{2!}\cdot\frac{x^4}{5+s} - \cdots\right)\frac{xdx}{e^{2\pi x}-1}\right\}.$$

なお,ここでは見やすくするために多少整理しました.原論文では

$$\xi(s) = (s-1)\Gamma\left(1+\frac{s}{2}\right)\pi^{-\frac{s}{2}}\zeta(s)$$

としたときに,次の表示です:

$$\alpha^{-\frac{1}{4}}\left\{\frac{1}{1-s} - 4\alpha\int_0^\infty\left(\frac{1}{1+s} - \frac{\alpha}{1!}\cdot\frac{x^2}{3+s} + \frac{\alpha^2}{2!}\cdot\frac{x^4}{5+s} - \cdots\right)\frac{xdx}{e^{2\pi x}-1}\right\}$$

$$+ \beta^{-\frac{1}{4}}\left\{\frac{1}{s} - 4\beta\int_0^\infty\left(\frac{1}{2-s} - \frac{\beta}{1!}\cdot\frac{x^2}{4-s} + \frac{\beta^2}{2!}\cdot\frac{x^4}{6-s} - \cdots\right)\frac{xdx}{e^{2\pi x}-1}\right\}$$

$$= \frac{1}{2}\pi^{-\frac{3}{4}}\left(\frac{\alpha}{\beta}\right)^{\frac{1}{8}-\frac{1}{4}s}\Gamma\left(-\frac{s}{2}\right)\Gamma\left(\frac{s-1}{2}\right)\xi(s).$$

ラマヌジャンの表示は $s \longleftrightarrow 1-s$, $\alpha \longleftrightarrow \beta$ という2つの対称性が見えていて,解析接続にも嬉しいものです. $\zeta(s)$ に対する表示だけなら $\alpha = \beta = \pi$ とするのが簡単です.

11.2 ラマヌジャンによる保型性の捉え方

ラマヌジャンによる保型性の捉え方は，第7章で見た通り独特のものがありました．その特長は，たとえば，$\alpha > 0$ に対して

$$F_2(\alpha) = \alpha\Big(1 - 24\sum_{n=1}^{\infty}\frac{n}{e^{2n\alpha}-1}\Big)$$

と置いたときに，

『$\alpha\beta = \pi^2$ なら $F_2(\alpha) + F_2(\beta) = 6$』

が成立する，という見方です．特に，$\alpha = \beta = \pi$ とすると

$$\sum_{n=1}^{\infty}\frac{n}{e^{2\pi n}-1} = \frac{1}{24} - \frac{1}{8\pi}$$

が $F_2(\pi) = 3$ より得られるという仕組みでした．また，

$$F_6(\alpha) = \alpha^3\Big(1 - 504\sum_{n=1}^{\infty}\frac{n^5}{e^{2n\alpha}-1}\Big)$$

のときは $\alpha\beta = \pi^2$ に対して

$$F_6(\alpha) + F_6(\beta) = 0$$

でしたので $F_6(\pi) = 0$ となり，

$$\sum_{n=1}^{\infty}\frac{n^5}{e^{2\pi n}-1} = \frac{1}{504}$$

が得られます．

さらに，

$$F_{14}(\alpha) = \alpha^7\Big(1 - 24\sum_{n=1}^{\infty}\frac{n^{13}}{e^{2n\alpha}-1}\Big)$$

の場合も $\alpha\beta = \pi^2$ に対して

$$F_{14}(\alpha) + F_{14}(\beta) = 0$$

より $\alpha = \beta = \pi$ とおいて

$$\sum_{n=1}^{\infty}\frac{n^{13}}{e^{2\pi n}-1}=\frac{1}{24}$$

となっていたわけです．

このように，$\alpha\beta=\pi^2$ に対して α と β についての対称性として保型性を捉えることが，ラマヌジャンは好きでした．これは，普通の上半平面の話で言うと虚軸上で考えていることにあたりますが，慣れると形も美しいし楽しいものです．

ところで

$$F_4(\alpha)=\alpha^2\Big(1+240\sum_{n=1}^{\infty}\frac{n^3}{e^{2n\alpha}-1}\Big)$$

のときは $\alpha\beta=\pi^2$ に対して

$$F_4(\alpha)=F_4(\beta)$$

という等式になります．これからは $\alpha=\beta=\pi$ としても

$$F_4(\pi)=F_4(\pi)$$

という当たり前の結果しか出てきません．ただし，別の方法を使うことによって

$$F_4(\pi)=\frac{3\Gamma\!\left(\frac{1}{4}\right)^8}{64\pi^4}$$

という表示を得ることができます．詳しくは

　　黒川信重・栗原将人・斎藤毅『数論II』

　　岩波書店

の定理 9.16 (6) を見てください．

11.3 ラマヌジャンの解析接続表示の特長

11.1 で紹介した通り，ラマヌジャンの解析接続表示は

$\alpha \longleftrightarrow \beta$ ：保型性

$s \longleftrightarrow 1-s$：ゼータの関数等式

という2つの対称性をもっていることが特長です．具体的には，$\alpha = \beta = \pi$ とおいて，表示

$$\left[\frac{s(s-1)}{2}\right][\Gamma_{\mathbb{R}}(s-1)\Gamma_{\mathbb{R}}(-s)][\Gamma_{\mathbb{R}}(s)\zeta(s)]$$
$$= F(s,\pi) + F(1-s,\pi)$$

を見ると $s \longleftrightarrow 1-s$ という対称性 (関数等式) が一目瞭然です．これが $\zeta(s)$ の関数等式に他なりません．しかも，α, β を動かせるところがラマヌジャンの表示の興味深いところです．

このように，ゼータ関数を2つの"対称な部分"の和に表わす方法はハーディとリトルウッドが「近似関数等式」(1921年〜23年) において使用します．ラマヌジャンのこの論文が基になっていることは明示してありませんが，『ラマヌジャン全集』の論文14に対するコメント（ハーディによる？）には，その点が触れられており，明らかです．

ハーディとリトルウッドにとっては，ラマヌジャンがイギリスに来た1914年からラマヌジャンの書いたノートなどの数式は自分達の身の回りにあふれていて日常見慣れた風景になっていて，自分達のものと区別がつかなくなっていたようです．前にも触れましたが，ラマヌジャンが書いた式に間違いを発見すれば，ハーディとリトルウッドの2人だけで間違いを直し，2人だけの論文として盗んで発表するということもやっていました．

つまり，ラマヌジャンのアイデアをどんどん吸収し，換骨奪胎

して数学を作り上げて行くというのがハーディとリトルウッドの方針でした．数学界を引っ張っていくリーダーたちがこれでは20世紀の数学者たちが見習ってひどい状態となっているのは無理もないことなのかも知れません．21世紀に数学をはじめた君たちは，こんなまねはしないでください．

ハーディ『ラマヌジャン12講』のどこにもラマヌジャンによるゼータの積分表示に触れていないのは何故なのか疑問だったのですが，もうわかりますね．「ラマヌジャンは解析接続を知らない」と言い張るためには，不利な証拠には触れてはならなかったのは当然でしょう．

問題

$\alpha > 0$ に対して
$$F_\Delta(\alpha) = \alpha^6 e^{-2\alpha} \prod_{n=1}^{\infty}(1-e^{-2n\alpha})^{24}$$
$$= \alpha^6 \sum_{n=1}^{\infty} \tau(n) e^{-2n\alpha}$$
とおく．$\alpha\beta = \pi^2$ なら
$$F_\Delta(\alpha) = F_\Delta(\beta)$$
を証明せよ．

解答

$$\Delta(z) = e^{2\pi i z} \prod_{n=1}^{\infty}(1-e^{2\pi i n z})^{24}$$
$$= \sum_{n=1}^{\infty} \tau(n) e^{2\pi i n z}$$

だったので，
$$F_\Delta(\alpha) = \alpha^6 \Delta\left(i\frac{\alpha}{\pi}\right)$$
となる．よって
$$F_\Delta(\alpha) = \left(\frac{\pi^2}{\beta}\right)^6 \Delta\left(i\frac{\pi}{\beta}\right)$$
$$= \left(\frac{\pi^2}{\beta}\right)^6 \Delta\left(-\frac{1}{i\frac{\beta}{\pi}}\right)$$
である．ここで保型性
$$\Delta\left(-\frac{1}{z}\right) = z^{12}\Delta(z)$$
を用いると
$$F_\Delta(\alpha) = \left(\frac{\pi^2}{\beta}\right)^6 \left(i\frac{\beta}{\pi}\right)^{12} \Delta\left(i\frac{\beta}{\pi}\right)$$
$$= \beta^6 \Delta\left(i\frac{\beta}{\pi}\right)$$
$$= F_\Delta(\beta).$$

解答終

11.4 アイゼンシュタイン級数のゼータ

ラマヌジャンが保型形式 Δ のゼータ $L(s, \Delta)$ を考えたことは既に何回か触れました．第9章では，Δ の保型性から $L(s, \Delta)$ の解析接続と関数等式を示しました．

本章は，アイゼンシュタイン級数
$$E_k(z) = -\frac{B_k}{2k} + \sum_{n=1}^{\infty} \sigma_{k-1}(n) e^{2\pi i n z}$$
のゼータ

$$L(s, E_k) = \sum_{n=1}^{\infty} \sigma_{k-1}(n) n^{-s}$$

の解析接続を考えましょう；$E_k(z)$ が $SL(2,\mathbb{Z})$ の保型形式となるように k は4以上の偶数とします．これについても，前に

$$L(s, E_k) = \zeta(s)\zeta(s-k+1)$$

というリーマンゼータによる表示を証明し，さらに，それを用いて関数等式

$$\hat{L}(s, E_k) = (-1)^{\frac{k}{2}} \hat{L}(k-s, E_k)$$

を見ました (第7章)．ここで，

$$\hat{L}(s, E_k) = \Gamma_{\mathbb{C}}(s) L(s, E_k),$$
$$\Gamma_{\mathbb{C}}(s) = 2(2\pi)^{-s} \Gamma(s)$$
$$= \Gamma_{\mathbb{R}}(s) \Gamma_{\mathbb{R}}(s+1),$$
$$\Gamma_{\mathbb{R}}(s) = \pi^{-\frac{s}{2}} \Gamma\left(\frac{s}{2}\right)$$

です．

頭を切り替えて，次の問題を考えてください．

> **問題**
>
> $E_k(z)$ の保型性から $L(s, E_k)$ の解析接続と関数等式を証明し，$\zeta(s)$ の解析接続を与えよ．

解答

$$E_k(z) + \frac{B_k}{2k} = \sum_{n=1}^{\infty} \sigma_{k-1}(n) e^{2\pi i n z}$$

なので

$$L(s, E_k) = \frac{1}{(2\pi)^{-s}\Gamma(s)} \int_0^\infty \Bigl(E_k(it) + \frac{B_k}{2k}\Bigr) t^{s-1} dt$$

となる．実際，これは

$$\int_0^\infty e^{-2\pi nt} t^{s-1} dt = (2\pi)^{-s}\Gamma(s) n^{-s}$$

に注意すればよい．したがって，

$$\begin{aligned}
\frac{1}{2}\hat{L}(s, E_k) &= (2\pi)^{-s}\Gamma(s) L(s, E_k) \\
&= \int_1^\infty \Bigl(E_k(it) + \frac{B_k}{2k}\Bigr) t^s \frac{dt}{t} \\
&\quad + \int_0^1 \Bigl(E_k(it) + \frac{B_k}{2k}\Bigr) t^s \frac{dt}{t}
\end{aligned}$$

という2つの積分の和になる．

この後者の積分において，$u = \dfrac{1}{t}$ とおきかえると

$$\int_0^1 \Bigl(E_k(it) + \frac{B_k}{2k}\Bigr) t^s \frac{dt}{t}$$
$$= \int_1^\infty \Bigl(E_k\Bigl(i\frac{1}{u}\Bigr) + \frac{B_k}{2k}\Bigr) \Bigl(\frac{1}{u}\Bigr)^s \frac{du}{u}$$

となる．ここで，$E_k(z)$ の保型性

$$E_k\Bigl(-\frac{1}{z}\Bigr) = z^k E_k(z)$$

を $z = iu$ に対して用いた

$$\begin{aligned}
E_k\Bigl(i\frac{1}{u}\Bigr) &= (iu)^k E_k(iu) \\
&= (-1)^{\frac{k}{2}} u^k E_k(iu) \\
&= (-1)^{\frac{k}{2}} u^k \Bigl(E_k(iu) + \frac{B_k}{2k}\Bigr) + (-1)^{\frac{k}{2}-1} \frac{B_k}{2k} u^k
\end{aligned}$$

により

$$\int_1^\infty \Bigl(E_k\Bigl(i\frac{1}{u}\Bigr)+\frac{B_k}{2k}\Bigr)\Bigl(\frac{1}{u}\Bigr)^s \frac{du}{u}$$

$$=\int_1^\infty \Bigl\{(-1)^{\frac{k}{2}}u^k\Bigl(E_k(iu)+\frac{B_k}{2k}\Bigr)$$

$$+\frac{B_k}{2k}+(-1)^{\frac{k}{2}-1}\frac{B_k}{2k}u^k\Bigr\}u^{-s}\frac{du}{u}$$

$$=\int_1^\infty \Bigl(E_k(iu)+\frac{B_k}{2k}\Bigr)(-1)^{\frac{k}{2}}u^{k-s}\frac{du}{u}$$

$$+\frac{B_k}{2k}\int_1^\infty (u^{-s}-(-1)^{\frac{k}{2}}u^{k-s})\frac{du}{u}$$

$$=\int_1^\infty \Bigl(E_k(iu)+\frac{B_k}{2k}\Bigr)(-1)^{\frac{k}{2}}u^{k-s}\frac{du}{u}$$

$$+\frac{B_k}{2k}\Bigl(\frac{1}{s}-(-1)^{\frac{k}{2}}\frac{1}{s-k}\Bigr)$$

と変形しておくことによって

$$\frac{1}{2}\hat{L}(s,E_k)$$

$$=\int_1^\infty \Bigl(E_k(it)+\frac{B_k}{2k}\Bigr)(t^s+(-1)^{\frac{k}{2}}t^{k-s})\frac{dt}{t}$$

$$+\frac{B_k}{2k}\Bigl(\frac{1}{s}-(-1)^{\frac{k}{2}}\frac{1}{s-k}\Bigr)$$

となる.

したがって,完備ゼータ

$$\hat{L}(s,E_k)$$

$$=2\int_1^\infty \Bigl(E_k(it)+\frac{B_k}{2k}\Bigr)(t^s+(-1)^{\frac{k}{2}}t^{k-s})\frac{dt}{t}$$

$$+\frac{B_k}{k}\Bigl(\frac{1}{s}-(-1)^{\frac{k}{2}}\frac{1}{s-k}\Bigr)$$

は,すべての複素数 s に対して有理型関数として解析接続され

(極は $s=0, k$ のみ)，関数等式

$$\hat{L}(s, E_k) = (-1)^{\frac{k}{2}} \hat{L}(k-s, E_k)$$

をみたすことがわかる．

次に，$\zeta(s)$ の解析接続を導く．そのために，$k=4$ としておく．すると，

$$\zeta(s)\zeta(s-3) = L(s, E_4)$$

は，すべての $s \in \mathbb{C}$ に対して解析接続されている．これを (s を $s+3$ にしてから)

(☆)　　$\zeta(s) = \zeta(s+3)^{-1} L(s+3, E_4)$

と書き直しておく．この式 (☆) の右辺の $\zeta(s+3)^{-1}$ はオイラー積表示

$$\zeta(s+3)^{-1} = \prod_{p:\text{素数}} (1 - p^{-s-3})$$

が $\mathrm{Re}(s) > -2$ において絶対 (さらに局所一様) 収束することから，そこにおいて解析的 (正則) なので，$L(s+3, E_k)$ が有理型なことと合わせると，$\zeta(s)$ は $\mathrm{Re}(s) > -2$ において有理型関数となる．つまり，$\zeta(s)$ の $\mathrm{Re}(s) > -2$ における解析接続が得られた．

これを繰り返すと $\zeta(s)$ がすべての複素数 s に対して有理型関数として解析接続できることがわかる．念のため，次の段階を一つだけ見ておく．上で，$\zeta(s)$ が $\mathrm{Re}(s) > -2$ において有理型なことがわかったので，$\zeta(s+3)$ は $\mathrm{Re}(s) > -5$ において有理型．よって，(☆) から $\zeta(s)$ は $\mathrm{Re}(s) > -5$ において有理型なことがわかる．

解答終

この方法は、リーマンが与えた $\zeta(s)$ の解析接続とは全く別方法で、アイゼンシュタイン級数の保型性から来ています。このように、ラマヌジャンの発見した

$$L(s, E_k) = \zeta(s)\zeta(s-k+1)$$

という等式は、$L(s, E_k)$ が今までに知られていたゼータ $\zeta(s)$ で書けてしまった、という悲しい（？）面だけでなく、$E_k(z)$ の保型性を直接用いた解析接続を行うことによって、$\zeta(s)$ に対する新しい解析接続法を与えるという楽しいことも提供してくれるのです。表面だけ見るとつまらないものに映るものも、別の面から見ると素晴らしいものになるという教訓です。

11.5 リーマンゼータの解析接続とラマヌジャン

本章の話をリーマンゼータの解析接続の面から眺めると、ラマヌジャンは2つの方法を提供・示唆していたことになります：

(A) 新しい積分表示 (11.1)

(B) アイゼンシュタイン級数の保型性を用いる方法 (11.4)

このうち、(A) は既に見た通り明確な積分表示であり、しかも、通常の「関数等式 $s \longleftrightarrow 1-s$」のみならず、「保型性 $\alpha \longleftrightarrow \beta$」も組み込んだ積分表示であることが注目すべき点です。

その考えを（無断で）用いてハーディとリトルウッドは $\zeta(s)$ の「近似関数等式」を示し、$\zeta(s)$ の零点に関する新しい結果を色々と導出したのでした。

さて、(B) については、ラマヌジャンは

$$L(s, E_k) = \zeta(s)\zeta(s-k+1),$$

つまり

$$\sum_{n=1}^{\infty} \sigma_{k-1}(n) n^{-s}$$
$$= \prod_{p:\text{素数}} \{(1-p^{-s})(1-p^{k-1-s})\}^{-1}$$

という等式を示したところまででしたが,生涯好きだった $E_k(z)$ の保型性を用いて $L(s, E_k)$ の解析接続を行い,その結果 $\zeta(s)$ の解析接続に至る,という道は(時間さえ許されれば)何の苦もないことだったと思われます.

このラマヌジャンの考えの延長線上で,20世紀の後半には

$$GL(n+1) \Longrightarrow GL(n)$$

という方式が大成功をおさめます.それは,解析接続の話としては,$GL(n+1)$ のアイゼンシュタイン級数を調べることによって,$GL(n)$ の保型 L 関数の解析接続を得るというラグランズ『オイラー積』の思想(例外群を用いることもある)となります.

フェルマー予想の証明も,伝統的な代数体の問題 ($GL(1)$ の話) を上半平面の保型形式の話 ($GL(2)$ の話) から解明するという路線です.

11.6 ラマヌジャンと $\zeta(3)$

ラマヌジャンは保型性の研究から $\zeta(3)$ の表示

$$\zeta(3) = \frac{7}{180}\pi^3 - 2\sum_{n=1}^{\infty} \frac{1}{n^3(e^{2\pi n}-1)}$$

を得ています.さらに

$$\zeta(7) = \frac{19}{56700}\pi^7 - 2\sum_{n=1}^{\infty} \frac{1}{n^7(e^{2\pi n}-1)}$$

です.

第7章で紹介した保型性を用いての

$$\sum_{n=1}^{\infty} \frac{n^5}{e^{2\pi n}-1} = \frac{1}{504},$$

$$\sum_{n=1}^{\infty} \frac{n^9}{e^{2\pi n}-1} = \frac{1}{264}$$

は,一般には,4 で割って 2 余る 6 以上の整数 k に対して

$$\sum_{n=1}^{\infty} \frac{n^{k-1}}{e^{2\pi n}-1} = -\frac{\zeta(1-k)}{2} = \frac{B_k}{2k}$$

というものでした:B_k はベルヌイ数.これは,重さ k のアイゼンシュタイン級数の保型性 ($GL(2)$ の話) から出てきていたわけですが,今回のは

$$\sum_{n=1}^{\infty} \frac{n^{-3}}{e^{2\pi n}-1} = \frac{7}{360}\pi^3 - \frac{1}{2}\zeta(3),$$

$$\sum_{n=1}^{\infty} \frac{n^{-7}}{e^{2\pi n}-1} = \frac{19}{113400}\pi^7 - \frac{1}{2}\zeta(7)$$

と書いてみますと,$k=-2, -6$ 等になっています.

また,ちょっと感じが違ってきますが

$$\sum_{n=1}^{\infty} \frac{\coth(\pi n)}{n^3} = \frac{7}{180}\pi^3,$$

$$\sum_{n=1}^{\infty} \frac{\coth(\pi n)}{n^7} = \frac{19}{56700}\pi^7$$

などと書いても同じことです.実際

$$\coth(\pi n) = \frac{e^{\pi n} + e^{-\pi n}}{e^{\pi n} - e^{-\pi n}}$$

$$= 1 + \frac{2e^{-\pi n}}{e^{\pi n} - e^{-\pi n}}$$

$$= 1 + \frac{2}{e^{2\pi n} - 1}$$

ですので

$$\sum_{n=1}^{\infty}\frac{\coth(\pi n)}{n^3} = \sum_{n=1}^{\infty}\frac{1}{n^3}\left(1+\frac{2}{e^{2\pi n}-1}\right)$$
$$= \zeta(3)+2\sum_{n=1}^{\infty}\frac{1}{n^3(e^{2\pi n}-1)}$$

となっています．ラマヌジャンは，この形に書くことも好きで

$$\sum_{n=1}^{\infty}\frac{\coth(\pi n)}{n^7} = \frac{19}{56700}\pi^7$$

はラマヌジャンからハーディへの最初の手紙 (1913 年 1 月 16 日付) の V (5) 式でした．

より一般には，ラマヌジャンは，$m \geqq 3$ が $m \equiv 3 \bmod 4$ をみたしているとき

$$\sum_{n=1}^{\infty}\frac{\coth(\pi n)}{n^m} = 2^{m-1}\pi^m \sum_{k=0}^{\frac{m+1}{2}}\frac{B_{2k}}{(2k)!} \cdot \frac{B_{m+1-2k}}{(m+1-2k)!}$$

を証明しています．言い換えれば

$$\zeta(m) = 2^{m-1}\pi^m \sum_{k=0}^{\frac{m+1}{2}}\frac{B_{2k}}{(2k)!} \cdot \frac{B_{m+1-2k}}{(m+1-2k)!}$$
$$-2\sum_{n=1}^{\infty}\frac{1}{n^m(e^{2\pi n}-1)}$$

という式です．

ラマヌジャンを見てくると，解析接続から興味深い

$$Z(s,\alpha) = \sum_{n=1}^{\infty}\frac{\coth(n\alpha)}{n^s}$$

を考えるのも自然です ($\alpha > 0$ としておきます)．これは先程と同様にして

$$Z(s,\alpha) = \sum_{n=1}^{\infty}\frac{1}{n^s}\left(1+\frac{2}{e^{2n\alpha}-1}\right)$$
$$= \zeta(s)+2\sum_{n=1}^{\infty}\frac{1}{n^s(e^{2n\alpha}-1)}$$

となりますので，すべての $s \in \mathbb{C}$ に対して有理型に解析接続されます．また，

$$Z(s,\alpha) = \zeta(s) + 2\sum_{n=1}^{\infty} n^{-s}(e^{2n\alpha}-1)^{-1}$$
$$= \zeta(s) + 2\sum_{n=1}^{\infty} n^{-s}\Bigl(\sum_{l=1}^{\infty} e^{-2n\ell\alpha}\Bigr)$$
$$= \zeta(s) + 2\sum_{n=1}^{\infty} \sigma_{-s}(n)e^{-2n\alpha}$$
$$= 2E_{1-s}\Bigl(i\frac{\alpha}{\pi}\Bigr)$$

ともなります．

これまでに見た特殊値は

$$Z(-9,\pi) = 0 \Longleftrightarrow \sum_{n=1}^{\infty} \frac{n^9}{e^{2\pi n}-1} = \frac{1}{264}$$

$$Z(-5,\pi) = 0 \Longleftrightarrow \sum_{n=1}^{\infty} \frac{n^5}{e^{2\pi n}-1} = \frac{1}{504}$$

$$Z(-1,\pi) = -\frac{1}{4\pi} \Longleftrightarrow \sum_{n=1}^{\infty} \frac{n}{e^{2\pi n}-1} = \frac{1}{24} - \frac{1}{8\pi}$$

$$Z(3,\pi) = \frac{7}{180}\pi^3$$

$$Z(7,\pi) = \frac{19}{56700}\pi^7$$

などでしたが，11.2 では実質的に

$$Z(-3,\pi) = \frac{\Gamma\left(\dfrac{1}{4}\right)^8}{2560\pi^6}$$

も述べました．

計算について一言だけ注意しておきましょう：

$$Z(-3,\pi) = \frac{1}{120} + 2\sum_{n=1}^{\infty} \sigma_3(n)e^{-2\pi n} = 2E_4(i)$$

は正の数ですから

$$\Delta(z) = \frac{(240E_4(z))^3 - (504E_6(z))^2}{12^3}$$

であることと，$E_6(i) = 0$ を使いますと

$$E_4(i) = \frac{1}{20}\Delta(i)^{\frac{1}{3}}$$

となり，

　　黒川信重『現代三角関数論』岩波書店，2013年

の定理 2.5.2 (2) の

$$\Delta(i) = \frac{\Gamma\left(\frac{1}{4}\right)^{24}}{2^{24}\pi^{18}}$$

を用いれば

$$E_4(i) = \frac{\Gamma\left(\frac{1}{4}\right)^8}{5120\pi^6}$$

となり，$Z(-3,\pi)$ が求まります．

第12章 未来への指針

ここでは,ラマヌジャンに関して,これまで触れなかったことも含めて,数学の未来へ投げかけていることを書いておきましょう.ラマヌジャンの数学の研究は,まだまだ端緒についたばかりと言えます.

12.1 保型形式

ラマヌジャンの好きだった保型形式の話を,簡単に振り返ります.ラマヌジャンは,保型形式

$$\Delta(z) = e^{2\pi i z}\prod_{n=1}^{\infty}(1-e^{2\pi i n z})^{24} = \sum_{n=1}^{\infty}\tau(n)e^{2\pi i n z}$$

の係数 $\tau(n)$ に関していくつもの発見をなしたことは既に見た通りです.ゼータ関数

$$L(s,\Delta) = \sum_{n=1}^{\infty}\tau(n)n^{-s}$$

を考え出し,そのオイラー積表示

$$L(s, \Delta) = \prod_{p:\text{素数}} L_p(s, \Delta),$$

$$L_p(s, \Delta) = \frac{1}{1 - \tau(p)p^{-s} + p^{11-2s}}$$

を予想し，$L_p(s, \Delta)$ に対するリーマン予想の類似

$$L_p(s, \Delta) = \infty \implies \text{Re}(s) = \frac{11}{2}$$

も予想しました．この後者が有名なラマヌジャン予想で，ラマヌジャンは

$$\tau(p) = 2p^{\frac{11}{2}}\cos(\theta_p), \quad 0 \leq \theta_p \leq \pi$$

という表示の形にも書いています：偏角の分布

$$\{\theta_p \mid p \text{ は素数}\} \subset [0, \pi]$$

を考えたかったように見えます．

 ラマヌジャン予想の証明は20世紀の数学の大きな目標になり，グロタンディークによる代数幾何学の革新を経て，1974年にドリーニュにより完成します．その鍵は

$$L_p(s, \Delta) = \frac{1}{1 - \tau(p)p^{-s} + p^{11-2s}}$$

というラマヌジャンの発見したゼータ関数が，1914年頃のコルンブルムの研究から発展した合同ゼータ関数になる，という佐藤幹夫による1962年の研究です．

 ラマヌジャン予想に続くものが佐藤テイト予想です．それは偏角 θ_p の分布を調べるもので，1963年3月〜5月に佐藤幹夫によって提出され，2011年にテイラーたちによって証明された次の予想です：

佐藤テイト予想

$[\alpha, \beta] \subset [0, \pi]$ に対して

$$\lim_{x \to \infty} \frac{|\{p \leq x \,|\, p \text{ は素数で } \theta_p \in [\alpha, \beta]\}|}{|\{p \leq x \,|\, p \text{ は素数}\}|} = \int_{[\alpha, \beta]} \frac{2}{\pi} \sin^2\theta d\theta.$$

その証明は，ラングランズ予想（1970年提出）を部分的ではあるものの大規模に証明するというものであり，ラングランズ予想からの収穫として，現在望み得る最高の成果と考えられています．

その先に行くことは，正則保型形式論と数論幾何学の結合という，これまでの手法を打破せねばならず，未来への重大な課題となっています．特に，具体的な問題としては，マースの波動形式に対するラマヌジャン予想と佐藤テイト予想の証明が巨大な絶壁となって立ちふさがっています．21世紀の我々に向けてのラマヌジャンからの課題です．有理数体 $\mathbb{Q}$ の絶対ガロア群 $\mathrm{Gal}(\overline{\mathbb{Q}}/\mathbb{Q})$ の2次元既約表現 ρ で $\det(\rho)$ が偶指標になるものに対するアルチン予想（$L(s, \rho)$ が正則関数であること）の証明も同じ位置にあります．

12.2 ラマヌジャンのノート

ラマヌジャンは Δ のみでなく色々な保型形式を研究して，ノートに書き残しています．その一つとして，重さ 2，レベル 11 の保型形式 $F(z)$ を研究した記録を取り上げます．

これは，後に楕円曲線

$$E : y^2 + y = x^3 - x^2$$

と

$$L(s, F) = L(s, E)$$

の関係で対応する例となり,アイヒラーの研究(1954年に上記の等式を証明)と谷山予想(1955年提出)を経由してフェルマー予想の証明(テイラー＋ワイルズ,1995年)に結びつくわけです.

出典は

S.Ramanujan "The Lost Notebook and Other Unpublished Papers" Narosa Publishing House, 1988

という手書きノートのファクシミリ版です.その150ページに次の記述があります:

I have not yet investigated completely the residues of $\tau(n)$ for modulus 11. But it appears that if

$$\sum_{n=1}^{\infty} \lambda(n)x^n = x\{(1-x)(1-x^2\cdots)\}^2\{(1-x^{11})(1-x^{22})\cdots\}^2$$

then

(10.4) $$\sum_{n=1}^{\infty} \frac{\lambda(n)}{n^s} = \frac{1}{1-11^{-s}} \prod_p \frac{1}{1-\lambda(p)p^{-s}+p^{1-2s}}$$

p being assuming all prime numbers except 11 and that $\lambda(p)$ can be determined also. If this is so then the residues of $\tau(n)$ for modulus 11 can also be ascertained since it is easily seen that

(10.5) $\quad \tau(n) - \lambda(n) \equiv 0 \pmod{11}$.

第 12 章　未来への指針

> **問題**
>
> 合同式
> $$\tau(n) \equiv \lambda(n) \mod 11$$
> を証明せよ．

解答

$$\begin{aligned}
\sum_{n=1}^{\infty} \tau(n) x^n &= x \prod_{n=1}^{\infty} (1-x^n)^{24} \\
&= x \left\{ \prod_{n=1}^{\infty} (1-x^n)(1-x^n)^{11} \right\}^2 \\
&\underset{\mathrm{mod}\, 11}{\equiv} x \left\{ \prod_{n=1}^{\infty} (1-x^n)(1-x^{11n}) \right\}^2 \\
&= \sum_{n=1}^{\infty} \lambda(n) x^n
\end{aligned}$$

より

$$\tau(n) \equiv \lambda(n) \mod 11$$

となる．ここで，

$$(1-x^n)^{11} \equiv 1 - x^{11n} \mod 11$$

は 2 項展開してみると

$$(1-x^n)^{11} = \sum_{k=0}^{11} \binom{11}{k} (-1)^k x^{nk}$$

において

$$\binom{11}{k} \equiv \begin{cases} 1 & \cdots \ k = 0, 11 \\ 0 & \cdots \ k = 1, \cdots, 10 \end{cases} \pmod{11}$$

であることからわかる．

解答終

12.3 佐藤幹夫とラマヌジャン

ラマヌジャンの数学を考えるときに佐藤幹夫の研究は必須のものですが，あまり記録が残っていません．論文として発表することがほとんどなかったためです．

それを埋めるものが最近，増補版が刊行された

木村達雄 編『佐藤幹夫の数学 [増補版]』
日本評論社，2014 年 9 月

です．ここには，ラマヌジャン予想と佐藤テイト予想に関連している佐藤の回顧がいくつも入っています．一例として，1981 年に佐藤自身の書いている「私の数学」(p. 39〜53) 内の

　　　　「数論へ—ラマヌジャン予想」(p. 46〜48)

から一部を書き抜いておきましょう：

> 「ぼくは若いときから類体論のほうは興味を持っていたし，志村五郎君とか谷山豊君がそっちのほうでずいぶん熱心にやっておられたわけですが，そのころ志村君とか久賀道郎さんなんかが話題にしていたラマヌジャン予想というのがあったんです．その辺のことはアメリカへ行く前からよく知っていたし，東大に勤めていたころ，折原明夫君という若い人がいたんですが，彼なんかから $SL(2, \mathbb{R})$ のユニタリ表現というのをゲルファント・スクールの人たちが始めていたことを教わっていたんです．そして，そういうことが実は保型函数とかラマヌジャン予想に関係があるわけですね．
>
> そういう予備知識があったから，プリンストンへ行って 2 年目の 61 年の秋から，久賀さんが来たのを機会にラマヌジ

ャン予想のことを考えましてね．61年の秋に概均質ベクトル空間がうまくいきはじめたら，61年いっぱい，62年のはじめごろまではそっちをやっていたのですが，久賀さんが来られたのをきっかけに，当時，話題の焦点になっているような問題に手を出す気になったわけです．そして，帰る間際の62年の夏休みにそれができたんです．セルバーグのトレース・フォーミュラ（跡公式）というものを使って，それの代数幾何学的な跡づけをしてやると，ラマヌジャン予想というのがヴェイユ予想というかたちのものに帰着できるということがわかったんですね」(p.46)

「楕円曲線の問題ではなく，ラマヌジャンの函数というものについて久賀さんが計算をしたら，偏角の分布が一様にならないで，純虚数の近くにばかり集まって，あとはごくわずかしかないということを言っていたんですよね．

それは面白いなを思っていたんで，たまたまコンピュータ関係の人がいたから，難波君こんな問題をやってみたらどうかということを言いましてね．それで，楕円曲線の場合，別の方法で計算できるから，そのほうが計算に乗りやすいだろうと思ってやってもらったところ，非常にきれいな実験的な曲線が出たんですね．しかし，せっかく難波君がやってくれたのに，ぼくが怠け者で論文にしなかったので，彼にはすまなかったなと思っているんです．」(p.48)

前者は，ラマヌジャン予想をリーマン予想（ヴェイユ予想）に帰着するという1962年のプリンストンにおける仕事について述

べていて，同書 p.190–204 に再録の講演記録

　　佐藤幹夫「Weil 予想と Ramanujan 予想」
　　　　（『数学の歩み』10 巻 2 号 (1963 年) 56–61）

に詳しい．後者が佐藤テイト予想定式化の 1963 年 3 月–5 月頃の話です．

　ところで，日本では佐藤幹夫は解析の専門家と思われていて，数論は余技と見る人が多いのですが，それは間違いであることは，上記のところだけでもわかることです．本人も，同書 p.48 に「こんなわけだから，ぼくは別に解析だとか，数論だとか特定のものを専門にやったわけじゃないんです」と言っています．

　ラマヌジャン予想を合同ゼータ関数（代数多様体の名前は「佐藤・久賀多様体」）のリーマン予想に帰着することについては，もう一ヶ所引用しておきましょう：

> 「それで私は 1963 年の春に大阪大学に移りました．そこでは，私と一緒に仕事をしてくれる優秀な学生が何人かいました．またしても，そこでやったことは出版されないままになってしまいました．例外として東大で講演したということがあり，それについては伊原康隆さんが報告を書きました．いくらかの記録が，若い数学者のための雑誌の中に日本語の手書きのノートとして残っています．後になって伊原さんは私の仕事について論文を書いたのですが，ちょっと話は込み入っていまして…，というのもドリーニュが後からやった仕事と関係があって，もし私が簡潔にそれを話してしまうと，不

正確になってしまう危険があるからです.」(p.24；1990 年 8 月のインタビュー記録の日本語訳)

ここで,「若い数学者のための雑誌の中に日本語の手書きのノート」とあるのは,『数学の歩み』10 巻 2 号の「Weil 予想と Ramanujan 予想」を指しています. また,「伊原さんは私の仕事について論文を書いた」とは

Y.Ihara (伊原康隆) "Hecke polynomials as congruence ζ functions in elliptic modular case : To validate M.Sato's identity" Ann. of Math. 85 (1967) 267–295

を指しています.「ちょっと話が込み入っていまして……」ということについては, 上記の『数学の歩み』10 巻 2 号, Ann. of Math. 85 巻などを読みくらべてみるのがよいでしょう (さらには, ドリーニュの論文も).

12.4 モックテータ関数からマース波動形式へ

モックテータ関数はラマヌジャンが 1920 年に亡くなる直前に書いていたものです. このテーマに関しては, ラマヌジャンの歿後にラマヌジャンの遺稿をひきついだワトソン (本書では再登場です) が

G.N.Watson "The final problem : an account of the mock theta functions" J.London Math. Soc 11 (1936) 55–80

において追跡していたものです.

モックテータ関数 (より一般的には「モック保型形式」) は長い間, 謎となっていましたが, 21 世紀に入って新しい観点から解明されました. それは, オランダの S.Zwegers (1975〜) がユ

トレヒト大学の学位論文

S. Zwegers "Mock Theta Functions" 2002 [arXiv : 0807.4834 v.1 [math.NT]]

において

> **定理** (Zwegers, 2002)
> モックテータ関数［モック保型形式］
> ＝［マース波動形式の正則部分］

を証明したからです．詳細には触れません（論文を見てください）が，マースの波動形式とは

H. Maass "Über eine neue Art von nichtanalytischen automorphen Funktionen und die Bestimmung Dirichletscher Reihen durch Funktionalgleichungen" Math. Ann. 121 (1949) 141–183

において導入された非正則保型形式のことです．

もともと，ラマヌジャンのモックテータ関数は正則関数として見えていましたので，研究者はその方向で調べていたのでしたが，別方向「マース波動形式」に正解があったわけです．

マースの波動形式については2点注意しておきましょう：

(1) マースの波動形式に対するラマヌジャン予想・佐藤テイト予想は全く未解明です．"より一般に"，マースの波動形式に対するラングランズ予想は，現在までの正則保型形式論・数論幾何学という結合では全く歯が立たず手も足も出ない状態ですが，21世紀に考えるべき重大な問題です．

(2) マースの波動形式の研究は 1952 年頃にセルバーグ・ゼータ関数の研究に結びつきました：種数 2 以上のコンパクトリーマン面 $M = \Gamma \backslash H$ （H は上半平面）のセルバーグ・ゼータ関数

$$\zeta_M(s) = \prod_{P \in \mathrm{Prim}(M)} (1 - N(P)^{-s})^{-1}$$

は，すべての複素数 s へ有理型関数として解析接続され，その零点・極は

$$\zeta_M(s) \cong \prod_{f: \text{マース波動形式}} \frac{(s + \frac{1}{2})^2 + \lambda(f) - \frac{1}{4}}{(s - \frac{1}{2})^2 + \lambda(f) - \frac{1}{4}}$$

とマース波動形式を用いて書けるのです．ここで，$\lambda(f)$ は f に対するラプラス作用素 Δ_M の固有値．解説は次を見てください：

- 黒川信重『ゼータの冒険と進化』現代数学社，2014 年
- 黒川信重『ガロア理論と表現論：ゼータ関数への出発』日本評論社，2014 年
- 黒川信重『現代三角関数論』岩波書店，2013 年
- 黒川信重『リーマン予想の 150 年』岩波書店，2009 年
- 黒川信重『オイラー，リーマン，ラマヌジャン：時空を超えた数学者の接点』岩波書店，2006 年．［韓国語版，Sallimbooks, 2014 年］

セルバーグ・ゼータ関数の難問として残っていたヒルベルト・モジュラー群の場合は 2012 年に権寧魯（ごん やすろ；九州大学）によって解決しました．

12.5　定積分から多重三角関数へ

ラマヌジャンは『全集』収録の Question 306［初出は J. of the

Indian Math. Soc. Ⅲ (1911) 168] において 2 つの定積分を問題として提出しています．解答は載っていませんので考えてみてください．

問題（ラマヌジャン）

次を証明せよ．

(1) $\displaystyle\int_0^{\frac{\pi}{2}} \theta \cot\theta \log(\sin\theta) d\theta = -\frac{\pi^3}{48} - \frac{\pi}{4}(\log 2)^2$.

(2) $\displaystyle\int_0^{\frac{1}{\sqrt{2}}} \frac{\sin^{-1}x}{x} dx - \frac{1}{2}\int_0^1 \frac{\tan^{-1}x}{x} dx = \frac{\pi}{8} \log 2$.

解答

(1) $\dfrac{d}{d\theta}(\log(\sin\theta))^2 = 2 \cdot \cot\theta \log(\sin\theta)$

なので，部分積分により

$$\int_0^{\frac{\pi}{2}} \theta \cot\theta \log(\sin\theta) d\theta$$
$$= \left[\theta \cdot \frac{1}{2}(\log(\sin\theta))^2\right]_0^{\frac{\pi}{2}} - \int_0^{\frac{\pi}{2}} \frac{1}{2}(\log(\sin\theta))^2 d\theta$$
$$= -\frac{1}{2}\int_0^{\frac{\pi}{2}} (\log\sin\theta)^2 d\theta$$

となる．ここで，展開

$$\log(\sin\theta) = -\log 2 - \sum_{n=1}^{\infty} \frac{\cos(2n\theta)}{n}$$

を用いると

$$\int_0^{\frac{\pi}{2}} (\log \sin \theta)^2 d\theta$$

$$\stackrel{\star}{=} \int_0^{\frac{\pi}{2}} \Big\{ (\log 2)^2 + \sum_{n=1}^{\infty} \frac{\cos^2(2n\theta)}{n^2} \Big\} d\theta$$

$$\stackrel{\star}{=} \frac{\pi}{2} (\log 2)^2 + \frac{\pi}{4} \sum_{n=1}^{\infty} \frac{1}{n^2}$$

$$= \frac{\pi}{2} (\log 2)^2 + \frac{\pi^3}{24}$$

となる.ただし,☆においては $\cos(2n\theta)$ $(n=0,1,2,\cdots)$ の直交関係式

$$\int_0^{\frac{\pi}{2}} \cos(2n\theta)\cos(2m\theta) d\theta = \begin{cases} \dfrac{\pi}{2} & \cdots \ m=n=0 \\ \dfrac{\pi}{4} & \cdots \ m=n\neq 0 \\ 0 & \cdots \ m\neq n \end{cases}$$

を用いている.これで (1) はわかった.

(2)

$$\int_0^{\frac{1}{\sqrt{2}}} \frac{\sin^{-1} x}{x} \xrightarrow{x=\sin\theta} \int_0^{\frac{\pi}{4}} \frac{\theta}{\sin\theta} \cos\theta \, d\theta$$

$$= \int_0^{\frac{\pi}{4}} \theta \cot\theta \, d\theta,$$

$$\int_0^1 \frac{\tan^{-1} x}{x} dx \xrightarrow{x=\tan\theta} \int_0^{\frac{\pi}{4}} \theta \cot\theta \cdot \frac{d\theta}{\cos^2\theta}$$

$$= \int_0^{\frac{\pi}{4}} \theta \cot\theta (1+\tan^2\theta) d\theta$$

$$= \int_0^{\frac{\pi}{4}} \theta (\cot\theta + \tan\theta) d\theta$$

より,与えられた積分 I は

$$I = \frac{1}{2}\int_0^{\frac{\pi}{4}} \theta\left(\cot\theta - \tan\theta\right)d\theta$$

となる．ここで，

$$\cot\theta - \tan\theta = \frac{\cos^2\theta - \sin^2\theta}{\sin\theta\cos\theta}$$

$$= 2\frac{\cos(2\theta)}{\sin(2\theta)}$$

$$= 2\cot(2\theta)$$

であるので，多重三角関数 (黒川『現代三角関数論』岩波書店，2013年) を用いると

$$I = \int_0^{\frac{\pi}{4}} \theta \cot(2\theta)d\theta$$

$$= \frac{\pi}{4}\int_0^{\frac{1}{2}} \pi t \cot(\pi t)dt$$

$$= \frac{\pi}{4}\log \mathcal{S}_2\left(\frac{1}{2}\right)$$

$$= \frac{\pi}{4}\log(\sqrt{2}\,)$$

$$= \frac{\pi}{8}\log 2$$

となる．ただし，

$$\mathcal{S}_2(x) = e^x \prod_{n=1}^{\infty}\left\{\left(\frac{1-\frac{x}{n}}{1+\frac{x}{n}}\right)^n e^{2x}\right\}$$

は2重三角関数．

また，オイラーの定積分☆☆へ直接結びつけることも可能である：

$$I = \frac{1}{4}\int_0^{\frac{\pi}{2}} \theta \cot\theta \, d\theta$$

$$= \frac{1}{4}[\theta \log \sin\theta]_0^{\frac{\pi}{2}} - \frac{1}{4}\int_0^{\frac{\pi}{2}} \log(\sin\theta) d\theta$$

$$= -\frac{1}{4}\int_0^{\frac{\pi}{2}} \log(\sin\theta) d\theta$$

$$\stackrel{☆☆}{=} -\frac{1}{4}\left(-\frac{\pi}{2}\log 2\right)$$

$$= \frac{\pi}{8}\log 2.$$

── 解答終

これを見ていると，いやでも積分
$$\int_0^x \theta \cot\theta \, d\theta$$
が浮かんできます．これは，2 重三角関数で書くと
$$\int_0^x \theta \cot\theta \, d\theta \xrightarrow{\theta = \pi t} \pi \int_0^{\frac{x}{\pi}} \pi t \cot(\pi t) \, dt$$
$$= \pi \log \mathcal{S}_2\left(\frac{x}{\pi}\right)$$
です．

さらに，これから積分
$$\int_0^x \theta^n \cot\theta \, d\theta$$
に行くのは，すぐでしょう．こちらは
$$\int_0^x \theta^n \cot\theta \, d\theta \xrightarrow{\theta = \pi t} \pi^n \int_0^{\frac{x}{\pi}} \pi t^n \cot(\pi t) \, dt$$
$$= \pi^n \log \mathcal{S}_{n+1}\left(\frac{x}{\pi}\right)$$

となります.たとえば,$n=2$ なら

$$\int_0^x \theta^2 \cot\theta \, d\theta = \pi^2 \log \mathcal{S}_3\left(\frac{x}{\pi}\right)$$

と3重三角関数

$$\mathcal{S}_3(x) = e^{\frac{x^2}{2}} \prod_{n=1}^{\infty} \left\{\left(1-\frac{x^2}{n^2}\right)^{n^2} e^{x^2}\right\}$$

が現れます.このように,ラマヌジャンが何気なく書いているように見える積分からでも『現代三角関数論』を構成することができます.

12.6 ラマヌジャンの示唆

ラマヌジャンは1920年に亡くなってしまいましたが,もし95年後の今,黄泉帰って現代数学を見たら,どういう感想を持つでしょうか? たとえば,

- ラマヌジャン予想の証明
- 佐藤テイト予想の証明
- 深リーマン予想の進展
- モックテータ関数の研究

それぞれに,満足するか落第点をつけるか興味のあるところです.

それはともかく,現代数学にビジョンを語ることが欠けていることには驚くことでしょう.現代数学は解ける問題を解いてはいきますが,未来への問題や予想がどんどん枯れています.

輝かしい 25 年間

『フライ予想の提出 (1986)

　$\xrightarrow{\text{ワイルズ}}$ フェルマー予想の証明 (1995)

　$\longrightarrow$ セール予想・2 次元奇アルチン予想の証明 (2009)

　$\longrightarrow$ 佐藤テイト予想の証明 (2011)』

は正則保型式論・数論幾何学を駆使してラングランズ予想を部分的に証明するという「ラングランズ予想収穫期」でした．これは，ゼータ関数の歴史区分

　第 I 期　オイラー積構築期　1737 年〜1987 年 [250 年間]
　第 II 期　ラングランズ予想収穫期　1987 年〜2012 年 [25 年間]
　第III期　超ラングランズ予想発展期　2012 年〜

の第 II 期です．第III期はセルバーグ・ゼータ関数が中心となるとともに，マース波動形式が活躍する時代です．

　ラマヌジャンはモックテータ関数の謎を通してマース波動形式へのヒントを出していたように見えます．また，ラマヌジャンの好きなディリクレ級数

$$\zeta(s)^2 = \sum_{n=1}^{\infty} d(n) n^{-s}$$

に対応する保型形式の探求は，マース波動形式に行き着くのです：この場合は，マース以前に，コベル (Kober, 1935 年； Crelle J. **173** (1935) p.68) が研究しています．

　ラマヌジャンも待望したと思われる第III期の研究の実り豊かなことを祈りましょう．

第13章 ラマヌジャンからの夢

ここまで読んでこられた読者は，ζ についてのラマヌジャンの夢は何だったのか，と考えられることでしょう．数学史上はじめて高次のオイラー積

$$L(s, \Delta) = \prod_{p:\text{素数}} \frac{1}{1 - \tau(p)p^{-s} + p^{11-2s}}$$

を発見し，各オイラー因子のリーマン予想である

『ラマヌジャン予想

$$1 - \tau(p)p^{-s} + p^{11-2s} = 0 \ \text{ならば} \ \text{Re}(s) = \frac{11}{2}$$』

を見通したラマヌジャンであれば，リーマン予想を深く見ていたことは間違いありません．ここでは，ラマヌジャンの肩に乗ってリーマン予想を見ましょう．

13.1 リーマン予想

リーマンゼータ関数やディリクレ L 関数のリーマン予想は読者もいささか飽きていることでしょうから，少し高くから景色を眺めましょう．それは，ラマヌジャンの発見した高次のオイラー

積の延長上にあるハッセゼータ関数版です．

ハッセゼータ関数はドイツのハッセ (1898 年 8 月 25 日～1979 年 12 月 26 日) が研究を開始したもので，環のゼータ関数です．ハッセはヘンゼル (p 進数の研究で有名) の学生であり，タイヒミュラーの先生です．

リーマン予想 (ハッセゼータ関数版)

A を複素数体 $\mathbb{C}$ の有限生成部分環
$$A = \mathbb{Z}[a_1, \cdots, a_n]$$
とするとき，ハッセゼータ関数
$$\zeta_A(s) = \prod_{P \in \mathrm{Specm}(A)} (1 - N(P)^{-s})^{-1}$$
はすべての複素数 $s \in \mathbb{C}$ に有理型に解析接続され，零点と極はすべて $\mathrm{Re}(s) \in \frac{1}{2}\mathbb{Z}$ に乗っている．

ただし，$\mathrm{Specm}(A)$ は A の極大イデアル全体であり，$P \in \mathrm{Specm}(A)$ に対して
$$N(P) = |A/P|$$
である．

2015 年現在，どの一つの A に対しても証明できていません．反例も一つもないと考えられます．このような簡単な設定ですので，驚くべきことです．その普遍性こそがリーマン予想の本質なのでしょう．$A = \mathbb{Z}$ のときが，リーマンのもともとの問題です：

$$\zeta_{\mathbb{Z}}(s) = \prod_{p:\text{素数}} (1-p^{-s})^{-1} = \zeta(s).$$

また，A がガウス整数環

$$\mathbb{Z}[\sqrt{-1}] = \{m_1 + m_2\sqrt{-1} \mid m_1, m_2 \in \mathbb{Z}\} \subset \mathbb{C}$$

のときは

$$\zeta_{\mathbb{Z}[\sqrt{-1}]}(s) = \prod_{P \in \mathrm{Specm}(\mathbb{Z}[\sqrt{-1}])} (1-N(P)^{-s})^{-1}$$
$$= \zeta(s)L(s)$$

の場合です．ただし，

$$L(s) = \prod_{p:\text{奇素数}} (1-(-1)^{\frac{p-1}{2}} p^{-s})^{-1}$$

です．

なお，A として $\mathbb{F}_p$ 上有限生成の可換環を考えた場合——標数 p の A ——は，上記の $A \subset \mathbb{C}$ の場合——標数 0 の A ——と全く同じ式

$$\zeta_A(s) = \prod_{P \in \mathrm{Specm}(A)} (1-N(P)^{-s})^{-1}$$

によってゼータ関数が定義されます．こちらが，合同ゼータ関数と呼ばれるものです．さらに，この場合は「リーマン予想（合同ゼータ関数版）」（A の設定以外は，ハッセゼータ関数版と同じ文章）が完全に証明されているわけです．しかも，その証明の最初がハッセ（楕円曲線，1933年）でした．ついで，ヴェイユ（代数曲線，1948年）となり，一般の場合はグロタンディーク（SGA5，1965年）とドリーニュ（1974年）が完成するという流れです．

上記の「リーマン予想（ハッセゼータ関数版）」は，解決済みの「リーマン予想（合同ゼータ関数版）」とは天と地の差があります．ハッセゼータ関数版では全く歯が立たなかったのが人類の知恵で

す．標数 0 と標数 p がどうしてこんなにも違うのでしょうか．

そこを追究して到達したのが一元体 $\mathbb{F}_1$ を基にする絶対数学です：

黒川信重「絶対数学原論」『現代数学』2015 年 4 月号〜 2016 年 3 月号．

13.2 昔の風景

リーマン予想の研究と言えば，昔から，リーマンゼータ関数やディリクレ L 関数という，よく知られた関数——少なくとも解析接続と関数等式まではリーマンの 1859 年の論文以降は複素関数論の演習問題になっています——に限定した複雑な研究が行われてきました．

そのような旧来の研究が価値の無いものとは決して言えませんが，そこからは，リーマン以来 150 年経っても，リーマンゼータ関数やディリクレ L 関数のリーマン予想解決にすぐそこまで迫っている雰囲気が一向に感じられないのも事実です．

これは，『問題は簡単な場合（簡単に見える場合）からやれば良い』という伝統的な考えからはもっともな方針でしょう．一方，グロタンディーク (1928 年 3 月 28 日〜 2014 年 11 月 13 日) の『問題は究極まで一般化すれば自然に解ける（解けている）』という問題解決原理に反することも確かです．リーマン予想の場合はグロタンディークの格言をじっくりと考察してみる必要があるでしょう．

13.3 未来の風景

グロタンディークの問題解決原理をリーマン予想に適用して定式化したのが, 13.1 節の「リーマン予想 (ハッセゼータ関数版)」です. これによって, はるかかなたまで見通しの良いものになります.

私が数学をはじめた 1960 年代は, まだまだ夢を語る時代で, 『ハッセ予想』(ハッセゼータ関数の解析接続と関数等式) が健在でした. その後, ハッセ予想はラングランズ予想に取って代わられたようになっていき, ほとんど聞かれなくなりました. ラングランズ予想とは, 非可換類体論予想とも呼ばれますが, ラングランズが 1970 年 (高木貞治の類体論 1920 年——それはラマヌジャンが亡くなった年です——からちょうど半世紀) に発表したものです. ハッセゼータ関数を保型 L 関数で書けばなんとかなる, という方針がラングランズ予想ですが, 書けてる場合もあまり多くはなく, 書けていてもなんともならない場合が多いのが現状です.

それは, 『アルチン予想』(アルチン L 関数の正則性) の場合も同じで, アルチン L 関数を保型 L 関数で書けばなんとかなる, というラングランズ予想の方針が有名になって,「アルチン予想」という名前もラングランズ予想に消される勢いです.

ラングランズによる保型 L 関数帝国主義——それが来世紀も続いているとは思えません——は話としては面白いのですが, 関数体版 (標数 p 版) の場合を見てもわかるように, ハッセ予想もアルチン予想もグロタンディークによる行列式表示 (SGA 5, 1965 年) から証明され, そのことを用いて, 保型 L 関数が添付

されるのです．順番を見誤っていけません．何をするのが先か，という問題です．

13.4 ラマヌジャンの等式

第5章において紹介したラマヌジャンの論文（『ラマヌジャン全集』論文番号17，1916年）では式番号 (1)(15) を取り上げました．その論文の式番号 (21) では

$$\sum_{n=1}^{\infty} r(n)^2 n^{-s} = \frac{\zeta(s)^2 L(s)^2}{(1+2^{-s})\zeta(2s)}$$

が書かれています．

これは，ガウス整数環 $\mathbb{Z}[\sqrt{-1}]$ のハッセゼータ関数

$$\zeta_{\mathbb{Z}[\sqrt{-1}]}(s) = \zeta(s)L(s)$$

をディリクレ級数に展開した

$$\zeta_{\mathbb{Z}[\sqrt{-1}]}(s) = \sum_{n=1}^{\infty} r(n) n^{-s}$$

からのテンソル積構成です．具体的には，

$$r(n) = \frac{1}{4} \left| \{(m_1, m_2) \in \mathbb{Z} \times \mathbb{Z} \,|\, m_1^2 + m_2^2 = n\} \right|$$

です．（第10章10.2節も参照；そこでの記号では $Q_2(n)$．）

式 (21) の証明は 5.3 節と同様にできますので要点のみ書いておきましょう．まず，$r(n)$ が乗法的なことからオイラー積分解

$$\sum_{n=1}^{\infty} r(n)^2 n^{-s} = \prod_{p:\text{素数}} \left(\sum_{k=0}^{\infty} r(p^k)^2 p^{-ks} \right)$$

ができますが，

$$\sum_{k=0}^{\infty} r(p^k)u^k = \begin{cases} \dfrac{1}{1-u} & \cdots\cdots\ p=2 \\ \dfrac{1}{(1-u)^2} & \cdots\cdots\ p\equiv 1 \bmod 4 \\ \dfrac{1}{1-u^2} & \cdots\cdots\ p\equiv 3 \bmod 4 \end{cases}$$

より

$$\sum_{k=0}^{\infty} r(p^k)^2 u^k = \begin{cases} \dfrac{1}{1-u} & \cdots\cdots\ p=2 \\ \dfrac{1-u^2}{(1-u)^4} & \cdots\cdots\ p\equiv 1 \bmod 4 \\ \dfrac{1}{1-u^2} & \cdots\cdots\ p\equiv 3 \bmod 4 \end{cases}$$

となります($p\equiv 1 \bmod 4$ の場合だけが計算を必要としますが、それは 5.3 節の (IV) です).

すると,

$$\begin{aligned}
\sum_{n=1}^{\infty} r(n)^2 n^{-s} &= \frac{1}{1-2^{-s}} \times \prod_{p\equiv 1 \bmod 4} \frac{1-p^{-2s}}{(1-p^{-s})^4} \\
&\qquad \times \prod_{p\equiv 3 \bmod 4} \frac{1}{1-p^{-2s}} \\
&= \frac{1-2^{-2s}}{(1+2^{-s})(1-2^{-s})^2} \\
&\qquad \times \prod_{p\equiv 1 \bmod 4} \frac{1-p^{-2s}}{(1-p^{-s})^2 (1-p^{-s})^2} \\
&\qquad \times \prod_{p\equiv 3 \bmod 4} \frac{1-p^{-2s}}{(1-p^{-s})^2 (1+p^{-s})^2} \\
&= \frac{\zeta(s)^2 L(s)^2}{(1+2^{-s})\zeta(2s)}
\end{aligned}$$

となって,ラマヌジャンの式 (21) を得ます.

ラマヌジャンの式 (21) は高次整数環 $\mathbb{Z}[\sqrt{-1}]\otimes_\mathbb{Z}\mathbb{Z}[\sqrt{-1}]$ のハッセゼータ関数の計算と見ることができます.このようにして,今から 100 年前の 1916 年には,ラマヌジャンは数学史上初の高次オイラー積をどんどん計算していました.当時の数学者には,その意義があまり理解されなかったのは仕方ないのかも知れません.

13.5 ラマヌジャンからの夢

ラマヌジャンの高次オイラー積を考える姿に勇気づけられると次の夢が見えてきます.

ラマヌジャンからの夢

$A\subset\mathbb{C}$ に対するハッセゼータ関数は
$$\zeta_A(s)=\zeta_{\mathbb{F}_1}(s,\ \mathrm{Reg}(\Gamma_A\backslash G))$$
となる.ここで,
$$\Gamma_A=\mathrm{Aut}_{A\text{-代数}}(\mathbb{C}),$$
$$G\ =\mathrm{Aut}_{\mathbb{F}_1\text{-代数}}(\mathbb{C})$$
であり,
$$\mathrm{Reg}(\Gamma_A\backslash G)=\mathrm{Ind}_{\Gamma_A}^G(\mathbb{1})$$
は正則表現.

これは,ハッセゼータ関数の行列式表示の話であり,

黒川信重『ゼータの冒険と進化』現代数学社, 2014 年

第 11 章の絶対誘導の一つです. すべてが上手く行けば, $\zeta_A(s)$ の解析接続・関数等式・リーマン予想がすっきりと導かれます.

なお, A の有限生成性の必要性に関しては

N.Kurokawa "On certain Euler products" Acta Arithmetica 48 (1987) 49-52

を見てください. 有限生成でない環 $A \subset \mathbb{C}$ の例として

$$A = \mathbb{Z}\left[\frac{1}{2}, \frac{1}{3}, \frac{1}{7}, \frac{1}{11}, \frac{1}{19}, \cdots\right]$$
$$= \mathbb{Z}\left[\left\{\frac{1}{2}\right\} \cup \left\{\frac{1}{q} \;\middle|\; q \text{ は } q \equiv 3 \bmod 4 \text{ の素数}\right\}\right]$$

を取ったときには, そのハッセゼータ関数

$$\zeta_A(s) = \prod_{P \in \mathrm{Specm}(A)} (1 - N(P)^{-s})^{-1}$$

は

$$\zeta_A(s) = \prod_{\substack{p \equiv 1 \bmod 4 \\ p: \text{素数}}} (1 - p^{-s})^{-1}$$

となり, $\zeta_A(s)$ は $\mathrm{Re}(s) > 0$ において解析接続可能, $\mathrm{Re}(s) = 0$ は自然境界になることが上記の論文で証明されています. さらなる夢としては, そのような無限生成環も積極的に取り入れたゼータ関数像を描くことでしょう.

ラマヌジャンからの夢は尽きません.

あとがき

ラマヌジャンへのゼータ（数力）の旅はいかがだったでしょうか．ラマヌジャンに関して，これまで口にされていた「解析接続さえ知らないラマヌジャン」というような不当な風評は完全に払拭されたことでしょう．

新たなゼータ関数の発見というラマヌジャンの偉業がどれほど困難なものか，も本書から理解されたことと思います．新ゼータ関数とは，本質的には，一世紀に一つか二つくらい見つかるという，とても稀なものです．その意味では，ラマヌジャンは幸運な人です．残念なのは，ラマヌジャンを紹介する人々がゼータ関数発見の重大な意義を理解していなかったため（それは，当人たちがゼータ関数発見にかかわったことがないためです），ラマヌジャンを誤解する基盤を与え続けてきたことです．読者には本書によって，ラマヌジャンのゼータ発見を追体験し，ラマヌジャンを手本としてゼータ関数の研究に挑戦することを期待します．

本書は『現代数学』2014年4月号～2015年3月号の連載「ラマヌジャン　数力の発見」に新たな第13章「ラマヌジャンからの夢」を付けて成っています．連載中も単行本化においても編集の富田淳さんには大変お世話になりました．深くお礼申し上げます．

なお，同誌では，2015年4月号～2016年3月号の連載「絶対数学原論」が続いています．こちらも，ゼータの巡礼ですので，読んでいただければラマヌジャンの深い理解にも寄与することと思います．

最後になりましたが，家族（栄子，陽子，素明）に感謝いたします．

　　　　　　　　　　　　2015年7月14日　　　　黒川信重

索引

アイゼンシュタイン級数 94
アイヒラー 10
新しい解析接続 161
アルチン 10
アルチン予想 181, 201
一元体 200
ウィルトン 128
ヴェイユ 10
エスターマン 74
オイラー 13
オイラー因子 197
オイラー積 9
オイラー積分解 202
オイラー全集 88
オイラー定数 37
オイラーの定積分 192
オイラーの論文 87
大野晋 22

解析接続 57
カシミール 13
カシミール力 14
関手性 61
環のゼータ関数 198
完備ゼータ 132

ガウス整数環 199
近似関数等式 165
行列式表示 201, 204
ケララ学派 6
繰り込み 87
黒川テンソル積 73
クロネッカー・テンソル積 72
クロトン 17
グロタンディーク 10, 138
グロタンディークの問題解決原理 201
原子論 29
弦理論 90
高次オイラー積 204
高次整数環 204
古典化 86
コナン・ドイル 83
コベル 195
コルンブルム 10
合同ゼータ関数 4

菜食主義者 8
佐藤テイト予想 5, 138
佐藤幹夫 4
3重三角関数 194
シャーロック・ホームズ 83
自然境界 74, 205
深リーマン予想 143

ジーゲル 49
ジーゲル保型形式 12
時空次元 90
ジャクソン積分 156
乗法的 61
数学構造 61
数力 9
数論幾何学 181
正則保型形式論 181
積構造 60
セルバーグ 2
セルバーグ・ゼータ関数 189
ゼータ関数 7
ゼータの積構造 59
絶対ガロア群 181
絶対数学 87, 200
絶対テンソル積 72
絶対誘導 205
漸近表示 51
素因数分解表示 61, 146
総和法 75
素数定理 69
素朴な玉河数 158

第一次世界大戦 159
対称な関数等式 132
対数積分 32
タイヒミュラー 198
多重三角関数 192
谷山予想 133
タミル語圏 6

楕円曲線 133
超ラングランズ予想 195
定数項 87
テイラー 140
手書きノート 182
テンソル積 72
テンソル積構造 60
ディリクレ級数 61
ディリクレ素数定理 140
ドリーニュの不等式 121

2重三角関数 193

ハーディ 3
ハッセ 10, 198
ハッセゼータ関数 198
発散級数の定数 75
発散級数の和 75
ハッセ予想 201
バーチ・スウィンナートン・ダイヤー
　予想 159
ピタゴラス学派 17
フェルマー予想 5
プランク定数 86
ヘッケ 51
ヘッケ作用素 104
ヘンゼル 198
ベルヌイ数 34
保型形式 93

保型性 93
保型性の捉え方 163

マース波動形式 188
マーダヴァ 6
マーダヴァ級数 6
マーダヴァ級数の計算 24
無限生成環 205
メリン変換 131
メルテンスの定理 150
モーデル 104, 113
モーデル作用素 104
モックテータ 82
モックテータ関数 187
モック保型形式 187
モジュラー群 133
問題解決原理 200

有限生成性 205

ラマヌジャン 1
ラマヌジャンからの夢 204
ラマヌジャンゼータ 113
ラマヌジャン全集 7
ラマヌジャン総和法 84
ラマヌジャンノートブック 36
ラマヌジャンと $\zeta(3)$ 173

ラマヌジャンの解析接続表示 165
ラマヌジャンの素数公式 36
ラマヌジャン保型形式 93
ラマヌジャン予想の一般化 11
ラマヌジャン予想の証明法 119
ラマヌジャン予想の反例 12
ラマヌジャン予想 4
ラプラス作用素 189
ランキン 136
ラングランズ予想 141
ランダウ 10
リーマン 2
リーマンの素数公式 39
リーマン予想 4
量子化 86
量子力学 86
レルヒ 104
連分数表示 89

ワトソン 77

ζ(ゼータ)を書こう

現代数学の基となるζを何度も書写し,大願を成就しましょう.

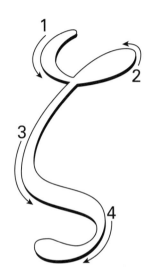

211

ζ

ζ

ζ

著者紹介：

黒川信重（くろかわ・のぶしげ）

1952 年生まれ

1975 年東京工業大学理学部数学科卒業

現 在　東京工業大学大学院理工学研究科教授
　　　　理学博士．専門は数論，ゼータ関数論，絶対数学

主な著書

『数学の夢　素数からのひろがり』岩波書店，1998 年

『ゼータ関数の統一理論の研究』東京工業大学，1998 年

『オイラー，リーマン，ラマヌジャン　時空を超えた数学者の接点』岩波書店，2006 年

『ゼータ関数と多重三角関数』東京工業大学，2006 年

『オイラー探検　無限大の滝と 12 連峰』シュプリンガー・ジャパン，2007 年

『オイラー探検　無限大の滝と 12 連峰』丸善出版，2007 年

『リーマン予想の 150 年』岩波書店，2009 年

『リーマン予想の探求　ABC から Z まで』技術評論社，2012 年

『リーマン予想の先へ　深リーマン予想―DRH』東京図書，2013 年

『現代三角関数論』岩波書店，2013 年

『リーマン予想を解こう　新ゼータと因数分解からのアプローチ』技術評論社，2014 年

『ゼータの冒険と進化』現代数学社，2014 年

『ガロア理論と表現論　ゼータ関数への出発』日本評論社，2014 年

ほか多数．

双書⑭・大数学者の数学／ラマヌジャン

ζの衝撃

2015 年 8 月 8 日　初版 1 刷発行

著　者　　黒川信重
発行者　　富田　淳
発行所　　株式会社　現代数学社
〒 606-8425　京都市左京区鹿ヶ谷西寺ノ前町 1
TEL 075 (751) 0727　　FAX 075 (744) 0906
http://www.gensu.co.jp/

検印省略

ⓒ Nobushige Kurokawa,
2015 Printed in Japan

印刷・製本　　亜細亜印刷株式会社
装　丁　Espace／espace3@me.com

ISBN 978-4-7687-0447-9　　　落丁・乱丁はお取替え致します．